动态叙事

学会用动画、动图思维讲故事
（第2版）

Animated Storytelling
（Second Edition）

[美] Liz Blazer 著　金潮 译

电子工业出版社
Publishing House of Electronics Industry
北京·BEIJING

内 容 简 介

这是一本手把手教你如何讲故事的书。从最开始教你如何进行头脑风暴、产生创意,到介绍叙事的三幕结构、非线性结构和实验形式,到教你如何制作故事板,选择颜色、声音和制定虚拟世界的秩序,再到选择什么样的技术来实现你的大创意,以及最终在生产阶段如何制作、展示并宣传你的作品,这个从 0 到 1 的过程,本书一步步地进行了讲解。只要跟随本书认真学习并且完成每章后的练习,我相信你也可以成为会讲故事的人!

本书适合所有想要了解如何讲故事的人阅读。

Authorized translation from the English language edition, entitled ANIMATED STORYTELLING, Second Edition by LIZ BLAZER, published by Pearson Education, Inc., Copyright © 2020 Elizabeth Blazer.

All rights reserved. No part of this book may be reproduced or transmitted in any form or by any means, electronic or mechanical, including photocopying, recording or by any information storage retrieval system, without permission from Pearson Education, Inc.

CHINESE SIMPLIFIED language edition published by PUBLISHING HOUSE OF ELECTRONICS INDUSTRY CO., LTD, Copyright © 2021.

本书简体中文版专有出版权由 Pearson Education, Inc. 培生教育出版集团授予电子工业出版社。未经出版者预先书面许可,不得以任何方式复制或抄袭本书的任何部分。

本书简体中文版贴有 Pearson Education, Inc. 培生教育出版集团激光防伪标签,无标签者不得销售。

版权贸易合同登记号　图字:01-2020-2907

图书在版编目(CIP)数据

动态叙事:学会用动画、动图思维讲故事:第 2 版 /(美)莉兹·布莱泽(Liz Blazer)著;金潮译. —北京:电子工业出版社,2021.2
书名原文:Animated Storytelling (Second Edition)
ISBN 978-7-121-40236-4

Ⅰ. ①动… Ⅱ. ①莉… ②金… Ⅲ. ①动画制作软件 Ⅳ. ① TP391.414

中国版本图书馆 CIP 数据核字(2020)第 255857 号

责任编辑:张春雨
印　　刷:中国电影出版社印刷厂
装　　订:中国电影出版社印刷厂
出版发行:电子工业出版社
　　　　　北京市海淀区万寿路 173 信箱　邮编:100036
开　　本:720×1000　1/16　印张:14.5　字数:197.2 千字
版　　次:2021 年 2 月第 1 版(原著第 2 版)
印　　次:2021 年 2 月第 1 次印刷
定　　价:89.00 元

凡所购买电子工业出版社图书有缺损问题,请向购买书店调换。若书店售缺,请与本社发行部联系,联系及邮购电话:(010)88254888,88258888。
质量投诉请发邮件至 zlts@phei.com.cn,盗版侵权举报请发邮件至 dbqq@phei.com.cn。
本书咨询联系方式:010-51260888-819,faq@phei.com.cn。

将这本书献给:

我的儿子Evan和我的丈夫Jeff Oliver

译者序

亲爱的读者：

你好！我叫金潮，是这本书的中文译者。我想给你讲一讲我翻译这本书的故事。

2018年，当我还在纽约大学游戏设计中心读研究生的时候，就开始探索如何讲好故事这件事情。这件事情对我来说很重要，不仅是因为我当时想做一个以叙事为中心的毕业设计，也是因为我从小就是一个故事爱好者。我从小就喜欢听人讲故事、看故事书，长大后又喜欢看动漫和电影。游戏是一个新媒介，主要侧重于交互和玩法。但是近几年，越来越多的人开始探索游戏作为一种叙事媒介的潜力。怎样通过游戏来讲好一个故事？这是目前很多人在研究的方向。这本书在刚发售的时候就已经吸引了我的注意，虽然它关注的方向并不是游戏里的叙事，但是教授的叙事技能在游戏里也同样适用。因此，当出版社联系我翻译这本书时，即使我的工作很忙，也愿意抽出时间来翻译。

首先，这是一本读起来不累的书。作者 Liz Blazer 是一名非常幽默的女性作家，这本书经常让我读着读着就情不自禁地大笑起来——实在是太搞笑了，想象力丰富！我在毫无压力的情况下轻轻松松地读完了第一遍。这本书非常接地气，行文简单易懂，不是那种需要硬啃的"大部头"。每个章节都有一个主题，作者围绕着相关主题娓娓道来，逻辑清楚；最后都有回顾——提醒读者这一章的重点内容，以及配套的章节练习——旨在巩固从这一章中习得的知识，避免纸上谈兵。

其次，这是一本非常实用的书。对于一个从来没有讲过故事，不知道要从哪里下手的人来说，这本书提供了非常简单的入门步骤。在翻译这本书的时候，我自己就试着跟随 Liz 的步伐，按照她说的一步步做，最后找到了自己满意的想法，并绘制了故事板。我发现这真的很简单，没有想象中那么难。或者说，起步本来应该是一件困难的事情，但是 Liz 的方法让这个过程变得简单了。好的老师就是可以化繁为简，把知识消化后再以易懂的方法教授给学生！

最后，通过翻译这本书，我意外地看了很多有意思的动画短片！在这本书中，Liz 大量引用了现有的许多优秀的动画作品来论证她的观点。在翻译的时候，我会在网上查找她说的这些动画短片（大部分都可以免费观看），然后发出"哦，原来是这样"的感悟。我非常荣幸自己获得了翻译这本书的机会，这让我发现了那些遗落在互联网海洋中的叙事艺术"珍品"。

总之，我希望你会和我一样享受阅读这本书，并从中学会如何讲好一个故事。让我们一起来做一个会讲故事的人吧！

翻译纠错或任何其他的反馈建议，请发送到我的邮箱：chaojincoolbean @ gmail.com。

致谢

感谢 Ariel Costa 分享他的精神、才华和艺术。他为本书封面和整本书所做的插图都取材自一位多才多艺的巫师的作品。

Laura Norman 和 Nikki McDonald 都竭尽全力支持了本书的创作。与你们合作是我的荣幸。

Jan Seymour 是每个作者都希望合作的编辑——为作者提供支持,见解一针见血且富有创造力。Jan,你使得整个编辑过程轻松自如,充满欢乐。

Pearson 的工作人员,Tracey Croom、Kim Scott 和 Becky Winter,感谢你们在本书编写过程中付出的精力及提供的专业指导。

我怀着谦卑的心深深地感谢 Robin Landa、Christine Panushka、Justin Cone、Joey Korenman、Greg Araya、Bill Moore、Colin Elliott、Erin Elliott、Brian Oakes、Peter Patchen、Carla Gannis、Mike Enright、Robert Lyons、

Claudia Herbst-Tait、Brooke Keesling、Karin Fong、Kim Dulaney、Yoriko Murakami、南加州大学电影艺术学院、Pratt 研究机构、MODE 峰会、TED-Ed、Stephanie Lo、Jeremiah Dickey、Elizabeth Daley、Kathy Smith、Sheila Sofian、Lisa Mann、Mar Elepaño、Gretchen Caldwell Rinnert、Leah Shore、Carlos El Asmar、Laura Menza、Denise Anderson、Marc Golden、Bonita Blazer、Jon Blazer 和 Sheldon Blazer。

如果没有和你们合作、编辑，没有来自我丈夫 Jeff Oliver 的爱，这本书不可能写出来。

本书中包含的艺术作品的来源

Ariel Costa、Cody Walzel、Richan Li、Phil Borst、Jamie Caliri、Louis Morton、Christopher Kezelos、Job、Joris & Marieke、Maya Eliam、Max Porter、Ru Kuwahata、Cyriak Harris、RékaBucsi、Linda Heller、Richard Borge、Kino Jin、Sterling Sheehy、Shehei Matsuyama、Lauren Indovina、Kim Dulaney、Passion Pictures、Psyop、The Mill、Denyse Mitterhofer、Ian Wright、Jordan Bruner、Gregory Herman、John Morena、Hsinping Pan、Ed Fernandez、Tara Mercedes Wood 和 Richard E.Cytowic、TED-Ed、Jake Zhang、Jorge R.、Max Friedman 和 Julia Pott、HerminUtomo/Getty Images（第40页和第155页）、Natalia Darmoroz/Getty Images（第85页）、CSA-Printstock/Getty Images（第133页）、RichLegg /Getty Images（第209页）。

介绍

我们生活在用动画讲故事的神奇时代。电影节在世界各地盛行,以庆祝新动画的诞生。面向孩子和成人的动画内容正在新的平台上被制作和播放。广告客户饥渴地寻求着新的人才来与观众进行有意义的互动。市场对专业的、通过动画讲故事的人的需求很旺盛,并且此类人才在该领域蓬勃发展的机会正在不断增多。但是,成为一名成功的动画叙事者所需技能的学习资源却很难找到。

这本书是手把手教你为动画和动态图形(动图)制作精彩故事的指南。它基于这样一个想法:无论你是为电影节制作一个基于角色的故事、一部实验性的电影,还是为电视或网络制作广告,或者为一个动态图形标题制作序列,想清楚讲故事的意图是成功的关键。

本书将通过10个简单的步骤,为你讲述从制作前的准备,到通过颜色和声音制作故事板,再到最后制作动画的过程,并为你提供有效创造一个动画故事所需的所有工具。你会找到简单的说明、有用的示例和简短的作业,以便将自己学到的理论付诸实践。你还将找到有关如何充分发挥动画的无限潜力的提示。

我们考虑了良久，决定在本书中同时探讨动画和动态图形。这两种形式经常被区别对待，就好像它们来自两个不同的世界一样。当然，它们是在不同的圈子里发展的。动画（大多数情况下）已被纳入电影制作学科，因为它致力于为电视、电影和电子游戏提供实验性的、角色驱动的故事。同时，对动态图形的研究已经成为图形设计学科的一部分。该学科专注于品牌和内容的推广，因此对广告、电视直播图形和电影片名等来说至关重要。动画和动态图形一直都是分开的，但是这两种形式有很多共同点，因此需要互相学习。在本书中，我们将它们一起呈现是因为它们是并存的，而且对两者的学习是可以互利互惠的。

对于那些渴望使自己的实验性动画短片入围渥太华国际动画电影节（Ottawa International Animation Festival）、阿讷西国际动画电影节（Annecy International Animated Film Festival）或 GLAS 动画节的动画电影制片人来说，你会在本书中找到很多直接符合你目标的内容。但我也想敦促你学习动态图形的"商业"文化，这种文化强调纪律和严格的截止时间。这将帮助你按时完成短片并把它们发送出去。对于在新的商业环境里工作的动态图形艺术家而言，我会经常和你直接对话，但也请密切留意本书中有关动画实验性和非线性故事结构的内容。你的动态作品将在其影响下蓬勃发展。

翻过这一页，开始有趣的旅程吧！准备好学习一些实用的技能，但也要知道自己即将踏上一段个性化的旅程。本书会告诉你如何获得信心去讲述那些你一直想讲述的故事，以及如何成为那个你一直想成为的讲故事的人。伴随着这个美好的想法……让我们开始这段动画叙事的旅程吧！

目 录

1 **预制作** 003
通往制作精心策划的动画作品的大门

2 **讲故事** 025
驯服无极限的媒介

3 **解锁你的故事** 055
提供给自由思考者的其他故事形式

4 **故事板** 079
建立视觉脚本

5 **颜色感** 099
使用正确的调色板增强你的故事

6 **怪异科学** 117
用动画做实验

7 **声音创意** 134
让你的音频和故事同步

8 **设计梦境** 151
世界建设与环境设计

9 **技术** 168
使风格和故事结合

10 **动画！** 187
大局思维，逐帧进行

& **展示和演说** 202
创作、分享和社交

预制作

通往制作精心策划的动画作品的大门

动画是一种有无限可能的叙事媒介。艺术家可以创造世界、克服引力、从事实转向幻想,并将观众带到他们从未想象过的地方。但是,在未完成预制作阶段之前就直接跳入动画阶段,就仿佛是在没有参加过任何拳击课程的情况下,要直接与一个得过奖牌的拳击手对战一样。一开始,你可能只会得到一两下幸运的击打,但之后将会被打得很惨。

动画叙事最主要的就是计划。大多数动画项目之所以失败，是因为导演在还没有回答有关该项目的 3 个基本问题之前就开始了动画制作：它是什么？它看上去是什么样子的？它是由什么组成的？在本章中，你将通过 3 个简单的步骤来回答这些问题：概念开发、预可视化和素材组织。

如果你读完整本书后没有学到任何其他的知识，那么请学会这一点：动画缪斯女神是一个焦虑的计划者，你必须学习她的示例。当她来参观时，她希望自己的客房整洁，并在床上一一排列出你要带她去的所有地方的详细行程。你要按照缪斯女神的喜好来设置她的房间。换句话说，你要非常认真地进行预制作，否则可能会浪费数周甚至数月的时间在不合适的场景上，或者更糟糕的情况是，你可能无法完成项目。忽略这些步骤，就需要自己承担后果！

概念开发

它是什么？

一个艺术家最讨厌别人问的问题，没有之一，那就是："所以，你的作品是关于什么的？"最普遍的回答是："嗯，我还没准备好谈论它。"但是，准备好谈论它吧，毕加索。无论你是做一个准备在各大电影节巡回展映的视觉驱动型动画电影，还是客户委托制作的带有"想要表达的"内容（如公共服务公告）或"要卖某些东西"的商业型动态图形作品（如广告），目的清晰是王道。在你还不能回答"你正在做的究竟是什么"这个棘手问题之前，你去不了任何地方。

从创意简介开始

如果你正在与客户合作一个高预算的电影预告片、一个网络上面向公共服务的公告（Public Service Announcement，简称 PSA）或一个电视广告，那么你很可能会收到一个创意简介文档。如果操作得当，这个文档应该会说明客户的目的和目标（比如，项目必须是什么样的，需要花费多长时间）、目标受众及项目每个里程碑的截止日期。由于企业文化不同，这个文档并不一定总是正确无误的，但大概就是那个样子。这个创意简介（THE CREATIVE BRIEF）会迫使客户和制作创意素材的人达成共识（或至少达到差不多的认知水平）。

如果你不与客户合作，那么我强烈建议你撰写自己的创意简介。如果你正在计划制作一个实验型的动画，它可能不适合被划分到任何一个分类中，并且会像野牛一样推翻动画公司的一致性，那么我特别敦促你写一份创意简介。你可能会惊讶地发现，一些最有创意的导演其实是痴迷策划的人，他们的创意简介比皇家婚礼还要聚焦和精致。

我们都有自己古怪的创作工序，没有什么事情是确定的。但现在我想请你离开电脑一会儿，将一堆纸或超大号的便笺粘在墙上，然后拿出一支马克笔。在这之后，请关闭电脑，拿出某种书写工具，然后写下以下这些基本信息：

它必须是什么？ 短片、PSA、广告、电影预告片、动画纪录片等。

它是给谁看的？ 电影节、包括 11~14 岁男孩的电视观众、你的 Instagram 粉丝等。

它必须有多长时间？ 30 秒、4 分钟等。

你想通过它达到的目标是什么？ 为乳腺癌筹集善款、在故事片中引入复杂的世界、形象化地表达爵士乐的曲目等。

它的截止日期是什么时候？ 1 个月、6 个月等。

我强烈建议你创建一个日程表，该日程表从绝对的截止日期开始逆向排列，并带有你打算坚守的每周里程碑。最简单的方式是使用谷歌的"空白日历"，把它打印出来，并标上每个星期六都必须达到的一个里程碑，否则周六晚上你就不能去唱卡拉 OK。

做完了吗？好样的。回答上述问题就像为迎接缪斯女神整理房间一样，这很聪明，因为她现在终于来进行她的第一次拜访了！

召唤缪斯

现在你已经知道你的项目必须是什么、目标观众是谁以及每个里程碑的截止时间，但是你仍然不知道你的项目是什么。让我们再来一次，请离开你的电脑；当你思维活跃并集思广益时，缪斯女神就会蹦出来帮助你。现在，走到你之前粘在墙上的空白页或便利贴的前面，并在顶部写下你的大创意（THE BIG IDEA）。对于个人项目，这个大创意完全取决于你；也许你最近刚分手了，受其启发你想创作一部短片，而探索的主题就是初恋。如果是来自客户的任务，那你可能已经被给予了一个大创意，例如有关水污染的 PSA 或想要表达将家人团聚在一起的航空公司广告。现在，请紧紧抓住那支马克笔，因为我们马上就要开始写下来了！

我希望你能写下所有在你脑海里出现的有关那个大创意的想法，无论是关于初恋的还是航空公司的广告。你要彻底清空脑海中和那个大创意有关的、所有的自由联想，把它们全部写到纸上。

关于初恋，你可以探索回忆、疑问、痛苦、在脑海中闪烁而过的画面及与之相关的词语，无论这些事物多么异乎寻常或个人。关于航空公司的广告，你可以写下自己过去旅行时的回忆、画面和与之相连的情感。

你不用过于担心它们是否是负面的（糟糕的航空食品或洗手间的大小），因为你之后可以随时去掉它们。而且，如果你觉得自己写下的内容似乎非常疯狂，甚至愚蠢，请不要为此感到有压力，因为通常这些想法最终都会成为最好的想法。重要的是完全诚实。写下你所有的自由联想，填满尽可能多的页面，直到你再也没有什么要写的为止——真的，直到你的大脑完全空白，关于这个主题再也没有任何想说的东西为止。

在写完关于该主题的所有想法后，请逼自己再写下两三件事。这整个过程应该需要 15 到 30 分钟。

故事就在这里！

现在，你已经把脑海中和这个大创意有关的内容都倒出来了，然后圈出最吸引你的字眼和想法。尝试只在列表中留下你最喜欢的想法——可能是 2~3 个最棒的想法。有时，最好的主意之间会有很好的相关性。如果你探索的是一个关于初恋的故事，那么你圈出来的想法可能是"这事关接受缺点"或一张"他的鞋带总是散开着的样子"的图片。如果探索的主题是乘坐飞机旅行，那么可能会联想到在机场和亲人见面时的温暖画面、"起飞"这个词，甚至是座位之间狭窄的空间，以及有一天能够坐上头等舱、拥有更多的腿部空间和柔软的坐垫的梦想。

讲故事就像泥土一样古老。自居住在洞穴里以来，人们一直在编造故事。我们的大脑会自然地把事物连接起来，从而发现故事。是的，你的大脑也一样。

例如，关于初恋的故事，只需要关注爱情"事关接受缺点"的感觉和"他的散开的鞋带"这个画面，就有可能会在你的脑海中产生一个故事。比如，这是关于一个整洁、素雅的女孩爱上了一个邋遢的男孩，而他的鞋带总是不系紧的故事。她一直在努力使邋遢的男孩变得整洁起来，即使他不喜欢系鞋带，她也总是帮他系紧鞋带。他们为此而争吵，然后分手了。那个整洁的女孩对这段感情难以割舍——她想念那个男孩，甚至他那松散的、没有系鞋带的鞋子。她跑出去找他时，他已出现在她家门口。他手捧鲜花，而且鞋带都系得很整齐。看到他为自己做出的改变，女孩笑了。她拿过鲜花，然后弯腰，解开了他的鞋子，弄乱了他的头发。这个男孩咯咯地笑着，因为看到她终于爱上了他原本的样子。

在飞机广告中，可以把主题确定为"起飞"这个词，我们被挤在座位之间的狭窄空间，梦想着坐头等舱，拥有更多的腿部空间和柔软的枕头。因此，也许我们可以先从一个人，珍妮（Jane），被困在一个狭窄的座位上开始，这个航班一直停留在跑道上而无法起飞，她正陷在深深的痛苦里。她闭上眼睛，试图想象出一个更好的飞机环境：宽敞的座椅、柔软的枕头、友好而可爱的乘务员……但是意外地，她被一下轻推弄醒了。珍妮很不情愿地睁开了眼睛，但很惊讶地看见了空姐可爱的脸庞（穿着你想要宣传的航空公司的制服）。空乘人员微笑着，再次用珍妮要求过的柔软枕头轻推了她。珍妮接过了枕头，同时注意到她现在（如她梦想的一样）正坐在一个更加宽敞和舒适的座位上。空乘人员再次微笑了，说："飞机要起飞了。"珍妮垫着枕头，坐在宽敞的座位上，再次闭上了双眼。只是这一次，当飞机起飞时，她带着宁静的微笑。

我首先要承认这不完全像莎士比亚的剧情那样，但是你的大脑应该想要在角色之间建立联系，并且喜欢解决故事中的冲突。

因此，请从你圈出的有意义的想法或画面开始，然后开始做白日梦吧。闭上眼睛，与自己交谈，在房间里走动，站在热水淋浴下，或者让自己处于无聊的状态。当画面开始出现时，请使用即兴喜剧的第 1 条规则来肯定它们："是的，然后……"

"是的,然后……"规则

大声说"是的,然后……"是你庄严的承诺,承诺会提出各种疯狂的、聪明的或随机的想法,然后再提出另一个新的想法(可能是更加疯狂、聪明、随机的)。如果你说"是的,然后……",则表示你同意自己之前的想法很有价值,而且一定会在此基础上继续前进,因为这个故事无法停止!

因此,如果一只澳大利亚无尾熊由于某种奇怪的原因而突然出现在你的脑海中,你说:是的,然后它正被运送到一个外国的动物园……是的,然后它坐错了航班……是的,然后该航班降落在美国新泽西州的纽瓦克机场……是的,然后布鲁斯·斯普林斯汀(Bruce Springsteen)在行李提取处意外捡到了它……是的,然后他一直想要一只无尾熊……是的,然后他把它藏了起来并瞒过警察……是的,然后他将其隐藏起来瞒过警察的方法是将无尾熊打扮成他的乐队新成员……是的,然后无尾熊学会了演奏普通的萨克斯……是的,然后布鲁斯目前的萨克斯演奏者嫉妒了……是的,然后世界巡回演出的下一站恰好是澳大

利亚……是的，然后萨克斯演奏者有一个可以一劳永逸地摆脱这只无尾熊的邪恶计划……

尝试着大声说出这个自由联想的练习并用手机录下来。重复几次，直到你已经习惯并完全接受的程度。刚开始时可能会觉得很尴尬，但是大声说出你的想法将迫使你承认它们的重要性，从而使你更有可能接受并发展它们。而用手机录下来将确保你不会丢失任何想法，因为你在讲的可能是未来故事的黄金内容。

你的第一个草稿是#@$%

叙事点燃了你的大脑，新故事的创意喷涌而出，宛如奥斯卡颁奖典礼上的香槟酒那样。但是，如果你真的准备在此时开始写作了，请听一听欧内斯特·海明威（Ernest Hemingway）明智的建议，他对如何将单词串在一起还是了解一二的。他说："任何东西的初稿都是#@$%。"如果是这样的话，那为什么还要担心呢？只需要从"是的，然后……"开始撰写初稿，即使它读起来像#@$%。

如果你还没有准备好真的开始写第一稿，（而且，如果你愿意）那么我强烈建议你完成以下3个练习，以帮助你专注于撰写故事的核心思想。与上面的"是的，然后……"这样的帮助你产生大量想法的练习不同，这些练习是关于如何让你的想法洗尽铅华，发现美丽本质的。

归零——明确语调和故事目标

练习1：电梯营销

想象一下：你发现自己和工作室的老大恰好在同一时间走进空荡荡的电梯，那个人有能力给你正在开发的任何项目放行。根据你不同的目的，这个人可以是你最喜欢的电影节的负责人、广告公司的创意总监等。工作室的老大认出了你并询问你最近的工作情况。在电梯到达指定的楼层之前，你可以利用这段时间来讲述你的故事。因此，你的电梯营销文案（THE ELEVATOR PITCH）必须完美且简洁。以至于当你讲完之后，你们中的一个人离开电梯时，工作室的老大会说"让我们就这样做吧"。

以下是你完成一次完美的电梯营销的方法。

首先，写下你想要的作品基调。也就是说，你希望人们如何描述它？他们会说这是真诚的、恐怖的、有趣的、戏剧性的，还是内容丰富的？或者是古怪的、忧郁的、让人愤怒的、城市化的、喧嚣的？把那些形容基调最好的词都贴到墙上。如果你要讲述经典电影《大白鲨》（Jaws），也许这个词应该是"可怕的"。

接下来，用一句话写下你的故事情节。情节是你的故事"关于"的内容，它应归结为故事中的主要冲突。对于电影《大白鲨》来说，故事情节可能是：

"一条大白鲨吓坏了一个海滨小镇的人们,直到一群勇敢的鲨鱼猎人进行反击。"尝试将你的故事提炼成一个非常清晰的句子。

第三,你需要确定故事的主题。主题是掩藏在故事中的深刻信息,往往由于情节而渐渐变得清晰。它是你的故事"真正关于的内容",而不是我们所说的"情节"。对于电影《大白鲨》来说,电影真正关于的可能是"人与自然""对未知的恐惧"或"人性的脆弱"。主题最酷的地方是可以用多种方式对其进行解释,因此只要你的故事有意义,就可以做出任何你觉得合适的解释。一个简单的爱情故事最终真正想讲述的可能是关于怯懦或感恩。你的作品"真正有关"的内容是什么,这完全由你来决定,因此为了你的电梯营销,请现在立马搞清楚。

最后,结合以上3个步骤写一个句子,用于你的电梯营销:"《大白鲨》是一部在人与自然冲突(主题)的背景下,讲述一个吃人的鲨鱼与一个海滨小镇对抗(情节)的恐怖(基调)电影。"

练习2:六字故事

上面的练习对于习惯线性思维的人来说是很不错的,因为他们喜欢以刻意和简洁的方式进行交流。但是,如果你更像一个诗人怎么办? 在这种情况下,我再次转向海明威,与你分享以下这个"六字故事"("六字"是针对英文单词说的),这个传奇的故事是他在被挑战要求写下历史上最短的故事时,在酒吧的一张餐巾纸上写下的:

"出售,婴儿鞋子,全新。"(For sale, baby shoes, never worn.)

很神奇对不对? 海明威仅用6个字就清晰地讲述了一个故事的基调、情节和主题。你读了这6个字会想:"哦,不!一些可怕的事发生在了一个婴儿身上!好难过!这个故事关于失去和……希望。"

这不是一件容易的事，因此请允许自己花一些时间在这件事上。你可能需要写五六个版本，然后将它们组合在一起，最终才能抓住故事的灵魂。把重点放在故事中的关键画面、故事转向和台词上。提醒自己什么样的故事基调、情节和主题是自己希望让观众带走的。然后从中获得乐趣——极简的局限性会激发你的诗意——顺着它，看看它会将你带到何处。我向你保证，当你最终写下"那个唯一的"六字故事时，它将拥有你的电梯营销文案都缺乏的简洁。

有关其他六字故事的示例，请访问拉里·史密斯（Larry Smith）的网站[①]，全世界的艺术家每天都在此提交自己的六字故事。

练习 3：标语

不要下水。——电影《大白鲨》（1975）的标语

短短几个字，就概括了史蒂文·斯皮尔伯格（Steven Spielberg）拍摄的这部令人闻风丧胆的电影的全部内容。该电影讲述了一个吃人的大白鲨在一个避暑胜地吓坏了下海游泳的人的故事。请注意，这里根本没有提到鲨鱼或沙滩，因为电影的海报上早就已经有了这些画面。"不要入水"提示了故事的基调、情节和主题，但是甩给了你一个令人生畏的问题：我为什么不应该下水？

标语（TAGLINE）是一个口号或广告语，旨在推动观众去观看你的电影。大公司喜欢使用吸引人的标语，比如，苹果公司的"思考不同"（Think Different）和耐克的"去做吧"（Just Do It），都潜移默化地在引导消费者去购买他们的商品。对于故事而言，标语对建立你的品牌同样重要，并能进一步阐明故事的本质和含义。

---

① sixwordmemoirs.com.

如果幸运的话，你的标语可能已经包含在你的电梯营销文案或六字故事中了。对于我们之前讨论的爱情故事（那个与邋遢的男孩分手的女孩），你可以专注于系紧的鞋带，加上一条简单的标语，如"爱，系紧了"（Love, Untied），或者专注于这个男孩天生邋遢的性格，如"初恋可以有点乱"（First Love Can Be Messy）。标语的基调说明了"这将是甜蜜的"，并且可能与爱情有关，但你会感觉到事情不会完美地进行（但也不会犯严重的错误）。对于我们讨论过的航空公司广告（我必须提醒你，我们并不是在为航空公司设计标语，只是针对你的广告而已），你可能想要专注于"起飞"这个词，以及珍妮的那个获得一个更好座位的美梦成真了。也许，这条标语可以是"起飞，如你想象"（Takeoff as You Imagined），或者可以着眼于座位的宽敞性，如"梦想更大"（Dream Bigger）。

　　一旦确定了标语，你就需要将其写成大写字母并粘贴在计算机上，因为它将帮助你在写作时朝着故事的本质前进。

预可视化

它看起来是什么样子的？

看！你已经为故事编写了一个完整的创意简介、一个电梯营销文案、一个六字故事和一个标语。你所做的这些工作对于继续进行预制作的下一个重要步骤非常有必要：预可视化。

预可视化也被称为视觉发展或概念艺术。业内人士将其简称为 previs。无论你如何描述它，此阶段都有助于你在开始制作之前先定义好产品的外观和感觉。预可视化的范围可以从最简单的草图到渲染完整的角色和背景。previs 既可以用来巩固设计的方向，也可以用来建立动画的技术和方法。它使你有机会实验不同的视觉方向、材质和动画。

图 科迪·沃尔泽尔（Cody Walzel），写生簿

我们已经讨论了故事的基调、情节和主题，但是你希望这个项目的外观和感觉是如何的呢？人们会形容它是形象的、有纹理的、干净的、坚韧的、极简的、前卫的，还是复古的？你的项目是会具有手工制作的美感还是会更加简单和机械化？找对外观和感觉是在视觉上表达你的想法的第一步。

接受影响

我很想告诉你，闭上你的眼睛，然后想象一个只属于你的、独一无二的外观和感觉。如果你可以的话，一定要这样做。因为这意味着你可能已经对想要的外观和感觉有了一个坚定的想法。但是，让自己受到一些影响也是可以的。你不应该为想要参考其他艺术家的作品而感到丢脸。我的意思是，你可能是因为喜欢某个人的作品而进入了动画领域，那为什么现在就不允许自己做那样的动画呢？当我告诉你要到互联网上观看许多动画短片和广告时，请尽情享受，但也请记住，你在这里做的是实实在在的工作。这是一项研究，因此请注意不要在油管（YouTube）上疯狂观看老香料（Old Spice）的广告，而忘了原本的计划（尽管特里·克鲁斯（Terry Crews）这个家伙真的很搞笑）。请花时间寻找好的参考资料；换句话说，在还没有开始寻找能够影响自己的作品的情况下，请勿着手制作完全原创的作品。为了做出真正原创的东西，你必须研究那些已经被做过的事情，这意味着要寻找那些参考资料。

在你的计算机上创建一个名为"参考资料"的文件夹，并在其中收集你喜欢的、认为与作品相关的或有启发性的内容。也许有一部电影，它具有你觉得有吸引力的色彩处理、感觉不错的视觉节奏或故事结构。在文件夹中填满你希望会被影响的内容。想一想每个参考资料究竟是如何吸引到你的，并以此指导你的项目。我建议你开始写一份日记，用来分析你收集的最重要的图片或电影。记录下让你感觉兴奋的特征、你想模仿的内容及这些参考资料将如何指导你的电影。尝试找出这些内容的共同样式和规律。这些特征将决定你的项目的外观和感觉。

实验

哦，缪斯？我们再次需要你！你很忙？……

哦，好吧，看来我们必须自己来做这个了。但猜猜怎么了？即使没有她，我们也可以做好，因为我们正在学习如何变得更有条理。警告：这可能会有点混乱！

首先，再次离开计算机。我坚信最好的实验（EXPERIMENT）发生在真实的物理世界中。经过所有的谷歌搜索、在线收集图像和电影后，你的大脑应该会对触觉做出更多的反应。而且在这里你应该做一些DIY的东西。拿起一些彩色铅笔、纸板、水彩笔、棉球、砂纸、可塑泥、蜡笔、咖啡粉……基本上就是"抢劫"一个幼儿园班级里的东西，然后穿上一件脏脏的运动衫。

哦，还有音乐！因为众所周知，音乐有助于激发创造力。因此，把音量开

到最大——如果你的邻居威胁要打电话给警察的话，那就戴上耳机。

现在变得疯狂一点：用平常不怎么用的那只手来绘画、泼洒咖啡、融化蜡笔，让自己发挥创造力。想一想你作品中的一些图像，并对其进行解构，这样你就可以换个角度来看待事物。你可能会惊讶得发现像对待科学实验一样对待设计（DESIGN）是何等自由！

通过设计影响你的故事

到目前为止，你已经完成的预可视化工作将不可避免地影响和发展你的故事。动画师和动态艺术家们经常会在设计和完善其概念与故事节奏之间来回切换（下一章将对此进行详细介绍）。发生这种情况是因为预可视化会迫使你将放大镜对准在故事的主要画面上。动画中特有的深色雨云可以表示即将来临的危险，其形状如果像长号一样，那么效果更好……突然间，你意识到云不必都带有不祥的隆隆声，它们也可以很爵士、很酷。住在城市里的居民可能会在音乐的雨滴下跳舞，而不是匆匆忙忙得避免被淋湿。记住这个由于视觉发展和实验而改变故事的例子。并且，请为设计过程的改变做好准备并且灵活应对，以促进概念的开发。这是讲故事过程中必不可少的部分。

如果你的故事确实由于视觉发展而改变，那么请返回并更改你的电梯营销文案，甚至（如果需要的话）可以配上标语。

素材组织

它是由什么做成的？

此刻，你可能正在制作草图并创建概念美术，来帮助可视化影片。其中一些甚至可能成为最终动画的素材。素材是你开始制作动画时需要的所有片段。素材包括徽标、角色设计、替换件、道具、背景、实景文件、字体、颜色脚本、音效等。这是所有你需要放进去、能够使魔法发生的"东西"。虽然你无法在创建情节提要和脚本（我们将在下一章中介绍）之前完成素材的定稿，但是可以开始组织素材并创建带有良好标记的文件组织系统。你要非常精致地进行此操作，以使自己能够满意地对这些素材进行增加、减少和浏览。你在预可视化阶段制作的某些素材也许会成为将来生产阶段最重要的设计方向，谁又能知道呢。

粗糙的样式框架……

为了让你进一步了解预可视化的重要性，我会要求你先跳过动画故事讲述的过程，为电影"粗略"地制作出一个单一风格的框架。

简而言之，样式框架就是一个单一图像，用来固定电影的整体外观和感觉。它不是最终的情节提要，因此现在不必对其进行任何的修饰。在商业世界中，样式框架通常可以赢得客户的青睐，因为它可以帮助客户理解你想要的调色板、介质、纹理和心情。有了这个样式框架，你就可以自信地解释为什么是这样的样式选择会为故事服务，而不是你的选择，因为时间长了它们就会变得苍白。

如果你的电影是一部关于紫色外星人试图拯救他们的星球免受环境退化影响的短片，那么你的外星英雄可能只有一个 6 只脚的轮廓，这颗星球有一丝金光的质地。而威胁着那颗星球的污染可能是一个堆满了垃圾的、厚厚的绿色渣土堆。这里的关键是这个样式框架表达了你正在做的项目的视觉意图。

我知道这一点放在第 1 章似乎显得太过高深了。稍后，当我们鼓励你在情节提要中插入几幅样式框架时，将重新审视它们。但现在，粗略地设计一个样式框架可以迫使你进一步可视化你想要的影片外观和感觉。这也将是未来对你有帮助的参考对象，因为它可能捕捉了最初激发你的故事创意的视觉火花。想象一下来自年轻时候的你的一则消息，上面写着："不要忘记你对挪威诗歌的热爱！"即使你的诗歌风格后来改变了，那些曾经激发你创造力的想法也可能在你最需要的时候提供指导。

因此，给那个粗糙的样式框架一个机会并将其粘贴在墙上。它不一定很漂亮，但它可以提醒你在电影的早期阶段是什么启发了你。谁知道呢，也许你可能仍然喜欢挪威诗歌……你猜怎么了？你已经完成了预制作的重要步骤！很快，你将开始行动，一整夜都充满斗志，走向名利、财富和装满了奖杯的书架。而且我敢肯定，你已经将我们完成的所有事情都消化好了，对吗？

提醒一下，以下是预生产的重要步骤。

预生产回顾

1. 写一份创意简介。
2. 确定你的大创意并创建故事情节。
3. 敞开心扉，遵循"是，然后……"规则。
4. 通过编写电梯营销文案、六字故事和标语来明确语气和故事目标。
5. 通过接受影响和实验设计方向来确定项目的外观和感觉。
6. 根据设计决策对故事进行更改。
7. 开始构建和组织素材。
8. 粗略设计样式框架。

作业

为一个地方制作广告

现在，让我们尝试做一个简短的任务，用来创建自己的广告。

使用我们在本章中学到的所有步骤，尝试为一个电视广告进行预制作。为一个地点（真实或虚构的：城市、州、国家/地区、购物中心、动物园、酒吧、保龄球馆、星球等）制作一个 20 秒的广告。广告的目的是让人们真的想要去这个地方。广告所要触达的目标人群及他们想去那里的原因完全取决于你。

你可以使用下面的 8 个框架来进行概念设计,清晰地表达这个概念的开头、中间和结尾。

讲故事

驯服无极限的媒介

　　喜欢用动画讲故事的原因有很多。但是最好的原因是没有限制。你可以打破万有引力，抛开时空的连续性，创造不可能存在的世界，简单地运用形状、声音和颜色就可以带着你的观众开启一段旅程。希望人类历史上光辉灿烂的一刻发生在一块草坪上吗？那就去做吧！希望人们从容地将自己的心穿在袖子上吗？这是你的世界！一切皆有可能，一切皆可实现。

伴随着这样的可能性，你就有机会去拓展想象力的边界，让自己沉醉于这个媒介所带来的没有边界的世界。但是，你会质疑大脑没有创造前所未有的世界的能力吗？想一想你最近做的一个梦，它可能打破了各种物理定律，甚至打破了道德准则！你的大脑是一个装满了不可能的深不可测的井，并且具有无限的创造力。这一点我可以向你保证。

首先，我们将介绍一个标准的叙事模型，其次会介绍"非叙事的叙事"。在该模型中，我会鼓励你去探索自己可以超越边界的极限。你会被鼓励去讲两个故事，一个简单明了，另一个可能是爵士乐的即兴演奏、一首后现代的诗歌，或者带着观众开启一段让人出乎意料甚至不适的梦境。我会鼓励你去疯狂地尝试。

但是，创造有意义的动画故事的最大挑战并不是如何让想象力自由飞扬。我们知道它可以做到。更大的挑战是如何让自己参与其中，并有意识地为叙事做出选择。因为在那些做得很好的动画故事中，最一致的地方不是艺术家们所创造的世界如何超乎想象，而是他们在限制自己的选择方面进行了很多锻炼，尤其是在讲故事的时候。在本章中，我们将遵循两条讲故事的道路，每条道路都允许有节制的想象力。

故事结构

在上一章中，你已经召唤了讲故事的缪斯女神，并建立了你的故事概念。你甚至将自己的故事概念缩减为几个经过慎重选择的词汇。现在，是时候把这个宝贝拿出来，看看故事的"节拍"在哪里了。

你已经有了节拍

节拍是使故事向前发展的所有时刻或主动的步骤。而"将他们种出来"意味着将这些节拍放到可以产生最大情感影响的一个序列中。美国的每一个作家创意坊都还在使用老式的提示卡来绘制故事并确定故事的节拍。提示卡具有神奇的特性,因为它们可以在几秒钟内被移动、扔掉和修改。它们提醒我们,故事是可塑的,没有哪张卡片比其他卡片更珍贵,直到它们按最终序列全部排列在一起。因此,请远离你那闪亮的、功能强大的计算机,拿出一包3美元的提示卡,然后开始工作吧!

给艺术家的注脚:如果对你来说草绘出提示卡上的节拍比书写更为直观,那么不管用什么方法一定要画出节拍。只是你要确保草图足够粗糙,这样你以后才不会舍不得扔掉它们。

在你的这一堆提示卡上,写下或草绘出推动你的故事往前发展的所有时刻,直到故事结束为止。每张卡片都应代表故事情节中的某个主动行为或节奏,它们可以是物理或情感上的。例如,假设你有一个关于狮子猎食的故事。狮子追踪猎物是一个主动的步骤,因为狮子感到了饥饿。你暂时需要将这些节拍视为同等重要的。你也无须担心自己还没有弄清楚需要如何展示这些节拍的细节。你的卡片可能是"狮子追踪猎物"和"展示狮子的饥饿"。你只需要将这些记在卡片上,即使你可能还不知道要如何展示狩猎的情况,以及是否希望狮子的肚子咕噜噜地响起来,或者想以其他方式表达它的饥饿。对于一个简短的动画作品,你最终应该会有一个由15~30张卡片组成的漂亮的卡片堆。

三幕结构：问题的解决

现在，你已经有了一堆提示卡，其中包含故事中涉及的所有元素，将这些提示卡按时间顺序依次粘贴在墙上，分为 3 行。这 3 行代表了传统的三幕故事结构，简而言之就是一个具有 3 个基本步骤或动作的线性故事（非常适合短片）：1. 角色有一个问题；2. 角色努力寻求解决方案；3. 角色解决问题，通常以一种令人感到意外的方式（请参阅下面的三幕故事结构图表）。接下来，创建第四行"其他节拍"。你把那些可能不适合放在这 3 种结构中的，或者你根本不知道该如何处理的卡片放在这里（以及你可能永远不会使用的卡片）。关于主题的注意事项：我们将在下文中进一步讨论主题，但是在创建这些提示卡时请把故事的主题放在脑海中。无论你是在制作这些卡片的过程中还是做完之后把主题糅合进去，故事主题都会在故事讲述过程中发挥重要作用。

这三幕构成了传统短篇故事的基本弧线。三幕结构已经在我们人类的生活中根深蒂固，甚至渗透到了最常见的讲故事媒介（笑话）中。除非是你心爱的叔叔在讲这个笑话，否则你可能会想直接讲到笑话的重点并迅速抖响包袱。咚咚咚。谁在那儿？诺贝尔（Nobel）？谁是诺贝尔？门上没有门铃（No Bell，与 Noble 同声），这就是我敲门的原因。我很抱歉为你讲述了这么一个老套的笑话，但它很好地说明了三幕结构。在这里，有一个人在敲角色的门，但角色并不知道对方是谁（问题，第一幕）。角色问了两次对方是谁（试图解决问题，第二幕）。最后，角色知道了谁在敲门：一个讨厌的喜欢说双关语的人！（解决，第三幕）。

三幕

故事结构

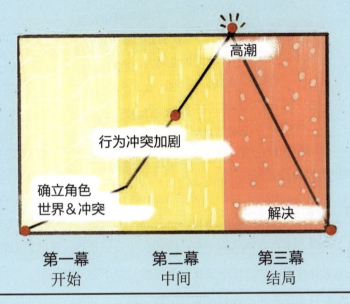

基于角色的动画

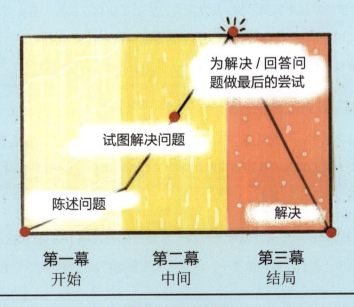

信息 / 动态图形

> **给动态图形艺术家们的备注**
>
> 三幕结构也同样适用于面向信息的动态图形。尽管你可能没有使用旨在"解决问题"的"角色",但是你可能会遇到"需要回答"的"问题"。例如,在PSA中,这个问题可能是:"乳腺癌正在夺走越来越多的生命。我们如何为研究筹集资金?"三幕故事结构图可以为动画和动态图形绘制这三幕结构。

第一幕:设置角色和冲突

你的第一排提示卡,也就是第一幕,应该介绍你的角色,建立它们想要的东西,并在追求这样东西的过程中设置一个问题。以下是一些例子:一只鹳已经来不及完成今日递送婴儿的数额任务,但是它很容易分心,以至于它永远不可能在最后期限之前完成任务了;一颗树木需要阳光,但却被锁在黑暗的壁橱中;一个男孩在寒风中回到了家,却发现自己弄丢了钥匙。在第一幕结束之前,你应该已经确定了角色的问题及解决问题遇到的麻烦,应该已经塑造出一种"解决问题将要付出巨大的努力"的感觉。

第二幕:致力于解决方案

下一排提示卡,也就是第二幕,是角色尝试克服问题的地方。在这里,你的角色将全力以赴地解决他们的问题,并会遇到各种阻挡他们的障碍,让解决问题的可能性变得更加渺茫。

我不会告诉你,如果你愿意花时间充实角色的相关细节的话,这一步将变得多么简单。在关于鹳的故事中,还有什么是我们可以了解的呢?它会不会总是特别在意自己的胡子？或者他总是希望找到自己失散已久的妹妹？又或者他特别喜欢拉丁爵士音乐？突然之间，故事的第二幕就出现了很多可能性。从第一幕我们知道，鹳只有有限的时间来递送孩子，因此他正努力克制自己容易分心的倾向。但是，什么会让我们的鹳分心呢？阻挡他实现目标的障碍会是什么呢？好吧，现在我们对他有了更多的了解。如果他每次飞过有镜像的建筑物就忍不住给胡子打蜡，从而不断分散注意力，这听上去是不是很合理？也许他总是认为自己在刚路过的公寓里看到了失散多年的妹妹，或者他甚至闭上眼睛享受了一会儿铁托·普恩特（Tito Puente）的音乐，因此忘记了时间？你赋予角色的特质越多，就越有机会在第二幕中为他们创造自然的障碍。因此，请花点时间想一想你的主要角色的一些具体问题：他们有哪些与众不同的物理属性？他们喜爱什么？讨厌什么？他们生活的动力是什么？他们最大的恐惧是什么？等等。

第三幕：解决大难题

好吧，所以我们那只容易分散注意力的鹳已经下定决心解决他的问题（按时递送这些孩子），并愿意为实现该目标而努力了，但是他一直遇到阻挡他实现目标的障碍。到第二幕的最后一张提示卡时，你应该已经塑造了一种"问题很有可能不会得到解决"（你的角色几乎尝试了所有事情）的感觉。然而，仍然还有那百万分之一的机会……

你的第三排提示卡，第三幕，就是用来解决问题的。这一幕的提示卡通常没有第一幕和第二幕的提示卡多，因为你的角色在这时应该已经正在直面他们的问题，并且期望有一个意外的解决方案。在关于那只容易分心的鹳的故事中，截止时间快到了。他只剩下一个孩子需要递送，但意外地将自己锁在了一个他以为自己失散多年的妹妹住的公寓里。他完蛋了！那么会发生什么呢？你的故事的结局会是什么?他会神奇地出现在最后一个孩子的父母面前及时送达吗?他会因为无法按时完成工作而被解雇吗? 广播中的某首爵士乐歌曲(是他失散多年的妹妹的最爱)是否会让他想起团结的家庭的重要性,从而使他突然拥有超强的专注能力?他会撬开公寓的窗户,然后及时赶往婴儿的家中,以便在午夜之前完成递送,然后在那家的后院发现他久违的妹妹正在弹奏爵士小号吗?

最佳结局的选择完全取决于你通过这个故事想表达些什么?创造一个令人满意的结局除了需要你写下的第一、二、三幕的节拍之外,还需要更多信息。在预制作阶段的板子上,你应该已经写下了你的故事是关于"什么"的,其包含了整体的情节、节拍和场景。但是,为了创造一个真正令人满意的结局,你还需要知道你的故事"真正关于的"或主题是什么。我们在第 1 章中对此进行了一些讨论,但是对于知道你想通过故事探索的深层次信息的重要性这一点,我怎么强调都不过分。

图 Richan Li,《胡言乱语》(Babble Bubble)故事开发

回到鹳的故事，我们的故事结局取决于我们要传达的信息或要表达的观点。举例来说，如果我们的主题是乐观的，如"爱可以克服一切"，那么，当我们的鹳专注于对妹妹的爱时，他的确就能最终找到完成工作的力量。这个积极向上的主题将推动得到一个圆满的结局，因此你会希望他能够与妹妹团聚。但是，如果你决定了自己的故事将表达生活黑暗的一面，如"爱导致痛苦"，那么我们的鹳将无法在递送的最后期限内完成任务，他会被解雇，最终独自听着爵士乐，并永远想念他的妹妹。这对于那个被递送的婴儿来说也许不是很好，但仍然是一个符合主题的、令人满意的结局。

但不要止步于一个好的结局。就像我在上面说的那样，主题应该充满你的整个叙述。你应该乐于回看自己的卡片，想想你要表达的内容可以如何增强故事中的每个节拍，并把它们写下来。如果你有一个乐观的主题，"爱可以克服一切"，那么住宅区可能充满了阳光，色彩缤纷，周围是郁郁葱葱的公园。在公园里，鹳会哼着活泼的爵士乐去递送，猫咪会附和着他的节拍发出充满爱意的咕噜声。但是，如果你想讲的是一个黑暗的故事，你的主题是"爱导致痛苦"，那么鹳正飞往的住宅区可能变得很神秘，窗户边上有愤怒的小狗；戏剧性的闪电和灰白的画面；并且你选择的配乐可能是一曲悲伤的爵士乐。

在以下两个三幕结构的示例中，请用笔记下那些为表达每个故事的主题而存在的微妙细节。这些细节不是偶然出现的，它们存在的意义是暗示观众正在探索的主题是被深思熟虑过的！巧妙放置的主题细节可以像故事中的面包屑一样，让观众们在最后的主题揭露时发出"啊哈"一样的感叹！

三幕结构：示例一

菲尔·鲍斯特（Phil Borst）的一分钟短片《色盲》（*Color Blind*，见下图）是一个有主题的简单三幕故事结构的很好的示例。当被问及他的故事是关于什

图 菲尔·鲍斯特,《色盲》

么的时,鲍斯特先生说:"故事的根本主题是善良,以及有时候那些需要被帮助的人是多么容易因为有一点不同而被人忽视。"

第一幕:一个蓝色的方块,他生活在一个由很多快乐的、滚动的圆组成的世界。他不高兴,因为他是方的,无法滚动。第二幕:一个粉色圆停在了蓝色方块旁边,并且有那么一刻她似乎想到了一个好主意。这给蓝色方块带来了希望。但是,在粉色圆滚走之后,蓝色方块又孤单得只剩下自己,甚至变得更加不开心了!第三幕:好在粉色圆又回来了,并带着一个自行车打气筒! 她为蓝色方块充气,直到他也变成一个可以滚动的圆。蓝色方块为粉色圆的友善而感到高兴并表示感谢。他们俩一起快乐地滚远了。

故事的情节很简单,但值得注意的是作者鲍斯特是如何通过作品清楚地传达他的主题——善良——的。

以粉色圆的大小为例。她不是圆中最小的那个;如果她是最小的那个圆,那我们可能会认为她的行为只是出于一个孩子的天真,而不是善良。她也不是最大的那个圆,这可能暗示她的行为只是出于一种普通的慷慨。同时请注意,粉色圆在为蓝色方块充气之后,蓝色方块事实上要比粉色圆更大一些,不是一样大小或更小。如果蓝色方块的大小和粉色圆完全一样,那你可能会认为粉色圆是为了给自己创造一个完美的玩伴而那么做——那故事就是关乎友谊的而不仅仅是善良。最后,粉色圆和蓝色方块没有朝同一个方向离开,这一事实进一步证明了这一点。他们高兴地朝着不同的方向出发。鲍斯特希望传达给人一种"无私的善良"的印象,不附带任何的条件或期望。粉色圆只是单纯地看到了蓝色方块的挣扎,并希望自己是友善的。

三幕结构：示例二

《心》(Heart) 是由出色的动画导演杰米·卡里里（Jamie Caliri）执导的美国联合航空公司的广告（电影画面参见下页）。卡里里是用视觉讲故事的大师，他的故事总让人觉得有些事情必然要发生，而不是让人去预测什么。观众一路陪伴着角色，总是为他们加油和鼓励他们实现目标。

第一幕，两名恋人在机场告别，女人在离别时把自己的心交给男人保管。她的问题是她需要回到这个拥有她心的男人身边（字面上和形象上）。第二幕，女人出差去完成自己需要完成的工作，这样才能回到男人身边。工作很辛苦，她感到很空虚。毕竟，她的心不见了。第三幕，女人回到了男人身边，男人轻轻地将她的心交还给她。她又完整了，他们也在一起了。

这件作品有许多可能的主题，但让我们来分析一下："当你爱一个人时，没有他你就不是完整的。"或许相反："在一起让你变得完整。"这是一条甜蜜的信息，但不必非要解释为简单的幸福。顺便一提，你可以通过女人凝视着飞机窗外的景象，感受到卡里里想要表达的一种悲伤的想法，即当人们不在自己所爱的人身边时，他们有可能是不完整的。值得注意的是，在故事的结尾，女人并没有狂奔到她爱人的臂弯并欣喜若狂地拿回自己的心。她只是高兴再次见到了他，比起欣喜若狂，更多的是得到安慰。

图 杰米·卡里里,美国联合航空,《心》

非线性故事结构

"一个故事应该有一个开始、一个中间和一个结局,但不一定是按这个顺序。"

——让·卢克·戈达尔(Jean-Luc Godard)

到目前为止,本书的大部分内容都在描述"有意义"的情节和人物、清晰的故事结构,并将遵循线性时间线作为成功制作动画故事的关键。然而,一些最引人注目的和获奖的动画电影却并没有遵循这些规则。非线性胶片不是连续的,不是按时间顺序排列的,也不是简单明了的。它们遵循自己的一套规则,通常看起来似乎异想天开、喜怒无常或具有象征意义,并以非正规的方式运用故事节奏。一些非线性故事没有清晰的人物或情节,但却可以实现线性故事中鲜有的情感共鸣。非线性电影的制作者并不是故意违背常规的。他们只是想以更具象征意义的方式表达自己的"大创意",而不是专注于"接下来会发生什么"。

如果放弃按时间顺序排列的规则这个概念听起来很吸引你,那么非线性叙事可能很适合你。

好消息是非线性叙事结构为寻求更多诗意和抽象叙事的人提供了一条道路。探索一个伟大的想法应该是自由(和有趣)的,因为这个想法有可能出现在你幻想或顿悟的瞬间。另外,成为一个熟练的非线性叙事者,有非常实际的商业动机:大量的商业动画,包括音乐视频、图文广播,以及电视和电影的标题序列等,都在探索非线性结构。因此,尽管人们通常认为非线性叙事有点"特殊"和"艺术",但非线性叙事依然在行业中享有盛誉。谁不喜欢偶尔来一张丰厚的支票呢？

请注意：尽管非线性叙事可能看起来有些古怪，但实际上它与线性叙事一样需要大量的计划和对细节的关注。你的故事大创意必须从一开始就坚如磐石，因为听众走出了跟随熟悉的故事节奏的舒适圈，而你也不能奢望获得三幕故事结构的益处。你完全没有了安全网。好吓人，但是如果你的核心想法像你认为的那样有趣，那么它也有可能会令人着迷。

那么，如何制作一个非线性故事呢？

建立灵感

首先，定义一个出发点（例如声音、图像或想法），它是如此强大以至于启发你想要围绕它打造一个故事。它对你来说一定意义重大，并能激发你创意的火花，以至于对它再疯狂的解释也让你无法抗拒。无论它是在你的脑海中重复播放的歌曲，还是你曾经听过的一首让你异想天开的诗歌，抑或是从童年起就出现在你梦中的图像。无论你的灵感是什么，把它视为一件有价值的艺术品，然后围绕它建立一个博物馆。"那最好是一个华丽的博物馆。"你说。那么挑战就来了。你的灵感也许很宝贵，但仅凭其本身是不够的，因此你需要通过增加珍贵的附加元素来增加其价值。如果你的灵感是一首歌，那么随附的图像也必须同样出色。如果你需要用文字匹配那首歌，那么最好用纯粹的诗歌。不要让激发你的元素承担作品中的所有工作。让它激发你去创造更多让你同样喜爱的元素，并使你更加喜欢最初激发自己的那个灵感。

现在建立一个结构

我知道，我知道……所有这些笔墨都在描述非线性故事的自由度，现在我却要重新提起结构这个词。瞧，只要你承诺以等于或高于其价值的元素来打造你的大创意，那我就会说，充满激情地去做吧！但是，如果你想了解一些最成功的非线性结构的设计图，那么请参见下一页的图表。你会发现 5 个易于遵循的故事结构，这些结构为非线性叙事者提供了极大的自由度，同时提供了定义明确的指南，下面将通过示例进行讨论。有了明确的出发点，你就能够为下一步做好准备了。建立自己的非线性结构，或使用下面介绍的一个经典非线性结构。

非线性结构 1：书本结局

这个结构很有趣。想象一个故事，它必须在一个完全相同的地方（或相同的画面）开始和结束，但在这两者之间可以有百分之百的自由。"中间部分"的可能性是无限的。但成功的书本结局的关键在于，"中间部分"带观众走过一段旅程，当他们最终回到当初的那个画面时，其含义更深（或至少有所不同）了。

对于基于角色的电影来说，一个好的书本结局要么使主题发生了某种不可磨灭的变化，要么使观众对角色或处境有了深刻的了解。路易斯·库克（Luis Cook）为阿德曼动画公司（Aardman Animations）导演的《皮尔斯姐妹》（*The Pearce Sisters*）是书本结局的一个很好的例子。这个制作精良的、丑陋的黑暗喜剧片讲述的是两个单身的老姐妹，她们如何以最可怕和最出乎意料的方式为自己暗淡的存在增添趣味。在刚开始，两只粗壮的、风化了的手在苍凉的海滩上放飞了一只苍蝇，它在注视下嗡嗡而去。这个画面引发了一些问题："苍蝇是如何被捕获的，以及为什么被释放了？"故事的结尾是相同的两只手释放了一只幸运的苍蝇。书本结局结构捕捉了她们扭曲世界里的匆匆一瞥，在这里，烟熏鱼、死亡和僵尸茶话会是日常生活的一部分。书本结局结构最有效的作用是迫使观众重新反思他们对故事开始时的那个画面的初始反应。曾经是一个拯救了一只苍蝇的、善良的人，现在却变成了一个从事黑暗仪式的、扭曲的怪物。

非线性故事结构

1. 书本结局
故事结束的地方和故事开始的地方完全一致。中间的部分完全随你！

2. 串珠项链
使用音乐、音效和配音来把所有其他混乱的元素集结在一起。音效就像是把珠子串在一起，防止他们掉落在地板上的那根线。

3. 倒计时
戏剧性地不断创造向上的效果，直到结束，没有任何降级。挑战自己，让每一个节拍都往上提一步。

4. 拼图
故意让你的观众不了解部分故事信息。然后像拼图一样一片一片地揭露这些信息，直到整个大故事最终变得清晰起来。

5. 高概念
像故事角色或"下一步会发生什么"这样的最主要的概念会占据故事中心的舞台。故事的前提或悬念会驱动故事结构。

如果你将书本结局结构运用于具有形状和物体，但没有真实"人物"的动态图形上，那么中间的旅程是否为理解故事开始和结束的画面提供新信息也同样重要。可以将中间的"旅程"看作用来让观众为最终理解开始和结束画面的含义而感到兴奋和惊讶的时间。"中间部分"可能是一瞬间或一千年，并且可能朝着无限的不同方向发展。最重要的是，从"书"的一端到另一端的旅程是有意义的，并且在情感上具有变革性。

HBO 的剧集《权力的游戏》中具有标志性的标题顺序就是一个很好的例子。它以浮动的（和燃烧的）占星术仪器开始和结束，上面雕刻着龙与战争的故事。然后，摄像机平移，将观众带到地图上 7 个"王国"的旅程中，让观众预想这是燃烧的占星仪上雕刻的故事发生的地方。这个简单的书本结局结构帮助组织了有关时间和地点的大量信息，并成功地将《权力的游戏》系列定位成了充满魔幻和火焰的、神秘并戏剧化的故事。当你最终返回到初始画面时，你会以不同的方式看待占星术仪器，而且会知道它包含了正待解开的叙事线索。

非线性结构 2：串珠项链

如果你非常幸运（并且耳朵灵敏），就会发现一种声音元素，它激发你的灵感，对你影响深远，以至于你希望将其作为一个指导方针贯穿整个动画。那段音乐、声音或配音可能是项链上的那条"线"，其珠子可能是任何东西：畸形的、不匹配的或……完全怪异的。

路易斯·莫顿（Louis Morton）屡获殊荣的电影 *Passer Passer* 就是恰如其分的串珠项链的例子。第一次看这部电影时，它就让我惊叹不已。我无法准确无误地描述它是什么，但是可以毫不费力地描述它的配乐。这是一种城市的声音，汽车笛声、拖曳声，以及金属和混凝土搅拌的声音。人和节奏混在一起杂乱无章，充满了强烈的情感力量。请注意，当莫顿（Morton）描述在他的电影中，灵感元素是如何成为其创作的关键时说："这部电影的灵感来自 20 世纪 20 年代的城市交响纪录片。我的目标是通过记录城市声音并被这些声音所启发创造一个想象中的世界来捕捉城市的气氛。它表现了人们与建筑环境之间的有趣关系。"虽然他的电影的结构看起来很混乱,但听莫顿描述电影的结构时就知道他是故意这样设计的:"我希望观众能够通过一个声音环境到达下一个声音环境,直到所有声音都回到末尾。从许多方面来看,这部电影的结构更多是基于歌曲的,而不是传统的叙事电影结构。"

请上网查看一下 *Passer Passer*。你可能会发现当配乐足够强大时,它本身就可以为动画提供一致性,而其内容就可以自由发挥。如果你的情况是这样的,那么串珠项链可能只是你的果酱。

非线性结构 3:倒计时

当你向老师扔一个水球时,你确切地知道将会发生些什么。虽然气球当时只是在空中缓慢移动,但当气球到达目标并爆炸,弄湿老师的衣服时,他们就会直接把你送到教务处。

倒计时的目的就是在顶部附近建立不可避免的高潮,然后有节奏地朝着该高潮发展。当你逐渐接近终点时,持续不断的构建应该会变得更加强烈,直到结局(终于)发生。看到一直在等待的事情发生会带来一波满足感。要实现这一点,就需要以一致的速度增强所有可使用的元素(声音、颜色、运动等),即使该速度非常慢或非常快。重要的是,观众投入到了倒计时中,并且可以在心理上遵循这样的节奏,最终可以确保有一个美好的结局。

席琳·德斯鲁莫(Celine Desrumaux)的短片《倒计时》(*Countdown*)就是一个完美的例子。电影一开始就告知一艘宇宙飞船将要爆炸,但是在此之前必须进行大量的活动。我们从晚上的一间空的控制室开始,那里的计算机正在

图 路易斯·莫顿,*Passer Passer*

自动启动。很快,早晨到来,发生了更多行动。我们看到第一位宇航员到了,然后更多的宇航员乘坐电梯进入了太空飞船。随着计算机变得越来越活跃并要求升空,音乐、画面和节奏变得更加紧张,为太空飞船的发射升空做铺垫,最后飞船到达外太空。从一开始我们就知道会发生什么,但是强度的不断提高使得最终到达太空的景象看起来出乎意料得雄伟。

尽管倒计时结构看起来可能像是"线性"的,但我将其添加到本节是因为倒计时影片在进行艺术实验和抽象表达上发展得很好。只要你可以保持通过不断增强的结构来达到令人难以置信的高潮,此结构中的内容就可以随意发挥。

非线性结构 4:拼图

拼图是我最喜欢的非线性故事结构之一,因为它的互动性非常强。观众在看电影时可以尝试解决一个难题,随着每条新信息的揭示,人们将"玩得很开心"。当一切都变得清晰起来并且最后一块拼图被放置时,通常会有一个发出很大的"啊哈"声的时刻。

克里斯托弗·凯泽洛斯(Christopher Kezelos)制作的《制作者》(*The Maker*)真的是我最喜欢的电影之一。这是一个可爱而孤独的生物的故事,(我们相信)他试图在沙漏计时完成之前为自己制作一个伴侣。为什么会有一个时间沙漏在为他计时呢?我们不知道。为什么他似乎对手中的说明书感到困惑呢?我们只能想象。但是我们看到他在疯狂地工作——雕刻、缝纫,最后为他一生的创作播放音乐直到她获得生命。他们在一起拥抱时有一个美好的瞬间,但是当沙漏计时完成时,他给了她说明书,然后——崩的一声——他分解成了稀薄的空气。这个女性角色独自站在那里,困惑了片刻,直到沙漏神奇地翻转了。她突然意识到,在沙漏结束之前,她有一份工作要做,而她短暂而美好的生命也将随之消失。

图 克里斯托弗·凯泽洛斯,《制作者》

这个结局让我喘不过气,同时充满希望和悲伤。直到电影的最后一秒,这个生物、书和沙漏才终于有了意义。凯泽洛斯说:"《制作者》探索了我们在地球上珍贵的时刻,与挚爱的人在一起的短暂时光,以及享受一生的工作和目标的乐趣。"顺便说一句,如果看完《制作者》之后你挠头思考,"这不是书本结局结构吗?"是的!许多伟大的电影成功地运用了多种结构!

正如《制作者》一样,拼图结构可以很好地与角色融为一体,这些角色可以控制你从他们的行为中获得多少信息(以及何时获得这些信息)。但是,拼图结构也可以很好地与视觉驱动的动态图形配合使用。在这种情况下,直到所有较小的零件都组装好之后,较大的图形元素才能完全呈现出来。商标动画和电视播报图形经常使用拼图结构,使观众的双眼睁大并与出现的"可疑"画面互动。

我最喜欢的动态图形拼图结构的一个例子是 BDDP Unlimited 和 Solidarités International 的 PSA《水和墨》。该广告用于提高人们对因饮水导致的死亡人数的认识。刚开始时,我们只看到画家的手在页面上用水仔细地绘制隐约的画面,但随后几滴黑色的墨水滴下来,神奇地开始在水中形成图像。一张孩子的脸和一双悲伤的眼睛。两只黑色的鸟,可能是乌鸦。然后是一系列的十字架,让我们认识到这是一个墓地。借助超近距摄像机的移动,观看者会意识到页面上的黑色墨水象征着脏水——不祥地向下流,然后形成了一个水坑,直到显示出最终的画面(一个人的头骨)。脏水与死亡之间的联系慢慢解开,但是当最终的画面形成时,就感觉像被事实打了一棒。通过像拼图一样逐个地显示信息,与立即显示画面的含义相比,水和墨的信息所带来的打击要更加强烈。

非线性结构 5:高概念

高概念电影的基本前提是如此强大而清晰,以至于可以驱动电影的所有其

图 乔布斯、乔里斯和玛丽凯,《单身生活》

他元素。即使添加了出色的角色、出色的剧情转折和华丽的场景,它们依然服务于最初的那个可以简单解释的大创意提案。高概念电影有时会因为其概念上的简单性而被低估,但由于电影制作人可以在坚实的前提下自由地进行实验,因此常常获得高品位的赞扬。

奥斯卡提名的短片乔布斯、乔里斯和玛丽凯(Job, Joris & Marieke)的《单身生活》(*A Single Life*)具有很好的、高概念的前提:神秘的黑胶唱片可以使女性穿越时空。

它清晰的概念只是使《单身生活》如此特别的原因之一。伴随着出色的角色设计和世界建设,《单身生活》操控时间的方式,几乎是指着鼻子在挑战"线性和非线性结构之间是否应该存在任何差异"这个观念。这部电影通过黑胶唱片在不同的时空中跳跃,从主角目前的单身生活跳到她的怀孕生活,再回到她的童年,再到她的老年和死亡,仅仅用了几秒钟的时间。世界上的时间旅行规则在电影中通通被实现了。尽管发生的一切看起来有些愚蠢,但影片的高概念的深度却无可厚非。这是一部有关黑胶唱片可以让你进行时空旅行的电影……但它同时也在讲述生与死!

如果你提出的动画电影构想的前提是如此简捷,以至于人们已经可以完全想象它,那么你正在制作的可能是一部高概念电影。尽管止步于这个易于理解的想法是很诱人的事情,但请把它当作通过实验来进一步塑造你的故事的机会,迫使观众再来猜一猜你的电影到底有多"简单"。

讲故事回顾

三幕结构	非线性结构
创造节奏	围绕灵感搭建
建造故事结构	建造一个结构
第一幕:问题	使用一个已知的结构
第二幕:尝试解决它	书本结局
第三幕:解决方案	串珠项链
	倒计时
	拼图
	高概念

作业

线性和非线性叙事

拿起你的素描本,并使用我们在本章中学到的步骤讲两个有关最喜欢的通勤方式的故事。一个使用线性三幕结构,另一个使用本章概述的 5 个非线性结构之一。对于这两种结构,请先确定你的主题,以便之后添加支持故事主题的细节。

故事入门

保留一本多产的故事日志

在制作动画故事时,产生大量的想法是关键。只要多多练习,你就不再担心自己的"完美想法"是否奏效了,因为你还有好多其他想法正在等待尝试。

第一步是为自己准备一本空白的日记本。随身携带它,并强迫自己随时在上面书写和绘制。用充满曲折的想法、个人经历、等待火车时偷听的摘录及故事线索填满它。记下令人尴尬的问题、奇怪的主题、幻想、胡说八道等。不用担心你的笔记是否是愚蠢、疯狂甚至陈词滥调的。每周一次,浏览你的日记并圈出让你感兴趣的内容。寻找不断出现的重复想法及激发你去联想更多新事物、让你感到兴奋的想法。动画故事通常将两个看起来似乎不太适合的概念糅合在一起,因此如果你想将自己写的有关洞穴厨师的问题与为果冻写的诗歌配合在一起使用,那可能会是一个很好的故事!

一旦找到让你感兴趣的内容，请闭上眼睛思考。你的头脑喜欢制造叙事——来解决故事的谜题——因此如果你承诺专注于你的洞穴厨师和果冻诗歌足够长的时间，那么我向你保证，故事内核一定会出现，无论它是多么让人心烦。现在，将该想法记录到一个名为"故事创意"的文档中，然后继续思考下一个。几个星期之后，你会惊讶于列表中包含的故事内核的数量。他们是如此之多，以至于你可能根本不在乎其中一两个不能实现。

故事创意……了解经典情节

理想情况下，你的故事创意清单是非常具有开创性的，以至于任何老旧的故事结构都不可能包含它们。相信我，如果你发现了一种新颖的、精彩的叙事方式，没有什么是比这个更让我开心的事！但是与此同时，尝试经典的叙事范例（人类自存在以来一直在使用的）永远不会伤害任何人。你甚至可能会发现它能带来更多自由。

带有普遍冲突的经典情节

轮到你了 / 尝试一下吧……作为一项测试，将你的一个新故事内核套用到以下列出的一个经典情节中去。经过多个世纪的进化，这些情节可以制造即时冲突和高额的回报。主角以某种似乎无法克服的方式陷入困境，直到最后，情况有了翻转。

1 正义对战邪恶 / 征服"怪兽"

主角为了自己或他所在的社区对战一股黑暗力量，如《星球大战》《超人特攻队》。

2 重生与救赎

恶棍逐渐走向黑暗，发现需要做出改变还不算太晚，如《美女与野兽》《冰雪奇缘》。

3 到达年龄

一个角色从孩提时代到成人的转变并在此过程中学到了很多，如《莫阿纳》《狮子王》。

4 任务 / 旅途 / 航行和归来

为了寻找她想要的东西，英雄开启了一段旅程。当她最终找到它时，却发现那不是她所期望的，但还是学到了某个功课，如《绿野仙踪》《幽灵公主》。

5 伙伴故事

两个(或多个)性格相反的角色一起合作解决一个问题，如《玩具总动员》《海底总动员》《飞屋环游记》。

6 爱情故事

两个相爱的人违背一种力量强大的意志在一起，而那股力量想要拆散他们，如《美人鱼》《睡美人》。

7 叛逆者 / 不走寻常路

叛逆者因与众不同而受到谴责，他则利用这个与众不同的特质拯救了社区，如《疯狂动物城》《快乐的大脚》。

8 一船的傻瓜

一群不称职的人一起开启了一场喜剧冒险，并一路学习经验，如《冰川时代》《疯狂原始人》。

9 角色逆转

主角因站在别人的角度看问题，而获得新的视角，影响了她周围的人，如《阿拉丁》《花木兰》。

10 白手起家

被困在贫穷的世界中，英雄利用有魅力的、良好的品格和运气获得巨大的财富和力量，如《灰姑娘》《查理和巧克力工厂》。

解锁你的故事

提供给自由思考者的其他故事形式

我们已经进入了故事创作过程中的关键红色警报阶段。在下一章中，你将开始创作故事板——因此，无论是创作一个标题序列、一个传递知识的视频，还是用来参加电影节的电影短片展映等，现在都是时候敲定故事的基本元素了，包括情节、人物和故事线。如果你一直跟随前几章介绍的创作步骤，那么你可能早就已经准备好继续前进了。如果是这样的话，那么请将本章视为让前进更加容易的一种方法。这就好像用做瑜伽来为一场橄榄球比赛做准备一样——你的肌肉（和大脑）将以不同于你习惯的方式为大型比赛做好准备。而当你大步跑向球门区时，这些准备可能会给你带来不一样的结果。

另一方面，如果你的故事还没有成型，那么下面展示的我多年来在动画行业积累的一些最佳叙事练习也许会帮到你。跟随这些练习，你可能会发现你设计的冲突还没有达到应有的突出程度，或者你的故事在错误的地方开始了，或者你还没有真正发现使角色鲜活起来的方法。尝试做一下这些练习，我向你保证，至少有一个练习会带给你一直以来在期待的故事灵感，从而使你为动画叙事的下一步做好准备。

完成这些叙事练习后，请继续阅读下去，因为我会深入描述我最喜欢的一种动画形式：实验性动画。不管你认为自己当前的电影是否是实验性电影，都请阅读这部分内容。这里介绍的经验将加深你对媒体的理解，并丰富你作为叙事者的声音。我会阐明什么是动画叙事中的实验性动画，并会概述 6 种供你参考的方法。它可能就是你一直在渴望获得的叙事语言……

所以，让我们开始吧。第一部分将重新整理你的故事，第二部分将全面介绍实验形式的奇妙之处，并为你创造自己的形式提供需要的工具及能够激发你灵感的精彩实验电影示例。

第一部分：叙事形式

练习 1：阐明冲突，尽早呈现

英国间谍小说家约翰·勒卡雷（John le Carré）说得最好："一只猫坐在垫子上不是一个故事。一只猫坐在另一只猫的垫子上才是一个故事。"

无论是外部冲突（那只猫在偷我的垫子！）还是内部冲突（那只猫在偷我

的心！），冲突都会引发行动。那只被抢了垫子的猫会做什么呢？那只被抢了心（坠入爱河）的猫会做什么呢？这已经很有趣了。如果你感觉故事过于复杂，请问自己："冲突在这里足够明显吗？"还有，"我怎样才能在故事早期发展的时候就揭露冲突呢？"

你可能会抗议："但是我的电影是关于阿拉斯加的美景的。那里有什么冲突呢？"有很多，如果你想探索有什么可能威胁到这个美景的话。过度捕鱼？气候变暖？仅是与你的宝贝主题建立对立面，它就会变得更加珍贵。突然之间，你的故事也会变得生动起来："贪婪的捕鱼船队有可能通过过度捕捞改变阿拉斯加的美景。"冲突！ 高戏剧性！ 不用担心，你的电影仍将聚焦于阿拉斯加的自然风光。但是，如果在此之上增加一个冲突，你的观众还将获得一个值得关注的故事。

解锁你的故事

练习2：晚些开始

我在早期故事发展中看到的最普遍的一个错误是，导演想在故事中融入过多的背景故事和不必要的场景。他们在真正的行动或"有趣的东西"开始之前就引入了太多的想法。等到好东西开始时，听众就会感觉"天呐，太多信息了！"在这种情况下，导演花了无休止的时间来微调背景故事，并且无法想像丢失其中的任何一部分。"如果观众没有看到这只小狗是祖母去世的那天她立下遗嘱留给小女孩的，还有它和小女孩一起吃着茶杯饼干，一边让小女孩把自己打扮成洋娃娃的场景，听众怎么可能会理解这个小女孩为了找回失去的小狗而踏上旅途的故事呢？"在这种情况下，导演的故事板可能会展示年轻女孩在祖母的葬礼上哭泣，在祖母的房间里接收了这只小狗，然后在狗狗茶会上玩换装游戏。

但是，如果我们跳过所有前期铺垫，只是以女孩带着手电筒，肩膀背一个大包，紧紧拽着放在胸口的小狗照片，然后离开家的那一刻开始讲述故事的话，会怎么样呢？第一幅画面要让观众知道这只狗对小女孩意义重大，她愿意花很多时间去寻找，直到找到自己心爱的伴侣。突然间，我们就站在了行动和冲突的中间。如果需要的话，可以在后面使用闪回或对话的方式来填充亲爱的奶奶的背景故事。

所以，要对自己狠一些。撕开创可贴，将你的故事卡放在地板上，并尽可能多地减少早期的故事卡。真正的故事可以从目前的中间部分开始吗？甚至比那更晚吗？如果是这样，那就挪走那一刻之前的所有卡片，并在冲突推动你的故事前进时把观众介绍进来。而且请放心，你在背景故事上做的所有工作都没有浪费——即使它们没有展现在屏幕上，也丰富了电影的结构。

练习3：最大的秘密

  我遇到过的最富有成效的写作练习是，一位老师要求全班同学分别跟着一个陌生人走一个小时，并试图找出他们的秘密。令人毛骨悚然，对吗？我跟过一位穿着雪地裤、大靴子，戴着手套和滑雪面罩的男人。当然，那是一个寒冷的日子，但他绝对是穿得过多了。我跟着他走了几个街区，直到我们到达一个公共图书馆。该名男子走进去之后笔直地走向了服务台。等待图书管理员时他摘下了面罩，但依然戴着手套。轮到他时，那个人走向图书管理员，问了一堆他写在小纸片上的问题。他看上去压力很大，不管这些纸片上写的是什么东西，显然对他来说是很重要的。图书管理员带他走过过道，并帮助他收集了清单上的四五本书。那个男人自始至终都戴着滑雪手套，甚至在办理借书手续的时候都没有摘下手套。

当那个人离开图书馆（有点匆忙）时，我的时间到了，所以我停止了"间谍活动"，开始了写作任务。我决定把这个人设想为他有了一个大问题：他的手变成了带有磁性的！金属现在粘在他的手指上，这个问题会很快蔓延到他的整个身体。他试图在网上研究自己的病症，但手上的磁性使他的计算机陷入瘫痪。他唯一的选择是前往当地图书馆寻找答案！

我是第一个承认我的想象力驱使我走向梦幻的人。这可能只是一个手脚冰冷的、穿了太多衣服并正在寻找一些冬季读物的家伙。但是他已经成为我的角色（CHARACTER），并且我发现了他的秘密（SECRET），因此我可以将故事带到任何我想要的地方去。我已经想出了一打可能适用于这个带有磁性的角色的场景。有些是危险的，有些是搞笑的，但全部都演化自这个简单的练习。

因此，跟随你的角色一段时间，监视他们。并问一个简单的问题：你的角色的秘密是什么？你也可以采取进一步的提问。这个角色最大的恐惧是什么？他们不能没有的一件东西是什么？谁是他们最好的朋友、最坏的敌人等？监视你角色时，可以考虑一下这些及其他类似的问题，并尝试更深入地了解他们的内部运作方式和动机。这些信息将帮助你推动他们进入更有趣的故事中。

练习 4：图形化

虽然库尔特·冯内古特（Kurt Vonnegut）以他的讽刺小说（《第五号屠宰场》《猫的摇篮》等）而闻名，但他那篇被拒绝的人类学硕士毕业论文《故事的形状》（*The Shapes of Stories*）可能是他给叙事者们最棒的礼物。冯内古特的论文提案是一系列用来展示他自称是最受欢迎的故事类型的情节图表。他将这些故事描述为 3 个原型类别："在洞里的人"（但不一定非得是一个人或一个洞，只要

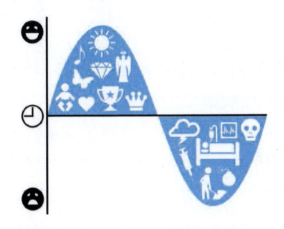

在洞里的人	男孩遇到女孩	从糟糕到更糟糕

角色遇到了麻烦，又从麻烦中逃了出来，最后获得了更好的体验。

📖 《毒药与老妇》
🎬 《寻堡奇遇》

主角遇到美好的事物，得到它，失去它，最后永远获得它。

📖 《简·爱》
🎬 《美丽心灵的永恒阳光》

主角刚开始的情况有些糟糕，但是持续变得更糟糕，而且没有变好的希望。

📖 《变形记》
📺 《迷离境界》

灰姑娘	创世故事	哪个方向？

正是由于灰姑娘的故事结构和新约之间的相似性，使冯内古特在1947年第一次感到激动，然后才有他持续撰写论文并就故事的形状进行演讲的一生。

在许多文化的创世故事中，人类从神灵那里不断获得礼物。首先是生存必要的东西，如大地和天空。然后是麻雀和手机等较小的东西。然而，这种结构在西方故事中并不常见。

这类故事有种栩栩如生的模糊性，使我们无法知道新的发展到底是好是坏。

📺 《哈姆雷特》
📺 《黑道家族》

解锁你的故事

是遇到麻烦然后摆脱困境的角色即可）、"男孩遇见女孩"（但不一定是男孩遇见女孩，只要是一个角色发现了自己珍视的东西，失去了它，然后又把它找回来即可）、"灰姑娘"（但不一定必须是灰姑娘与王子见面，也可以是一个生活窘迫的角色，遇到了一次体验幸福的机会，却又必须从幸福中逃离，直到最后一刻又重新获得幸福）。

他绘制了一些图表（由 Maya Eilam 在上一页重新进行了漂亮的设计）。这些图表通过在水平轴上表示"从开始到结尾"，垂直轴上表示"从不幸福到很幸福"表达了这些故事。冯内古特说："它被拒绝是因为它太简单，而且看起来太有趣了。"

这些图表的确看起来过于简单了，但是如果你阅读过冯内古特的作品，你就会知道他不是一个老套的作家。他的故事似乎完全具有自己的形状，但他可能会争辩说，所有这些故事都是这些简单图表概括的形状中的一种。他的观点是，故事必须沿着戏剧性的时间线进行。冲突（内部或外部的）触发行为，并引领角色坐上情感的过山车，带领他们走上一段狂野的旅程，即使他们最终回到了开始的地方。

现在，你的故事有清晰且突出的冲突，能够在正确的地方开始，并且你的主角有一个有趣的秘密来推进故事发展（请参阅练习 1~3），那么将你的故事结构绘制到冯内古特的一张图表中应该很容易。希望你只要通过在视觉上看到那个弧形分布，就可以更好地了解主角对冲突的反应。如果弧线看起来太平，则可能需要调整故事的结构以增加戏剧性。也许将故事结构匹配冯内古特的"经典故事弧线"之一，将引导你获得一个更强大、更具戏剧性的故事。冯内古特认为，这些故事结构都是"人们百看不厌的"的故事。那么，为什么不尝试一下呢？

第二部分：实验形式

好吧，我们刚刚完成了一个叙事故事的"全身锻炼"。但是，如果你要讲的故事其实并不是一个叙事故事，那该怎么办？你怎么知道自己是否想制作一部超出了你迄今为止在这本书中学习的线性和非线性结构的实验影片呢？

让我们从回答几个问题开始：当你想要讲这个故事时，脑海中的图像会朝着梦想、抽象或超现实的方向转变吗？你需要对使用的故事形式和材料（在你的叙事过程中很重要）进行实验吗？你觉得在自己的故事中探索故事结构新领域的前景特别兴奋吗？

如果你对这些问题中的任何一个的回答是肯定的，那么你可能确实在制作实验电影！这是令人兴奋的，因为有一些我最喜欢的动画电影就是实验性的，电影节上许多获得大奖的影片也是如此。

给动态图形的备注

从历史上看，电影和（尤其是）电视的标题序列一直是实验性和非线性叙事的温床。众所周知，标题设计师重视面向过程的方法，他们在尝试新技术和故事结构时通常会雕刻其序列的方向。如果你有兴趣为电影和电视制作动态图形，我建议你密切留意本章中介绍的工具。

意识到自己正在（或可能在某个时候）制作实验电影是很重要的一步。它使你可以自由地摆脱许多传统结构的规则，并专注于当初激发你想要拍摄电影的那个强大愿景。实验动画师和教育工作者迈克·恩赖特（Mike Enright）这样描述实验过程："电影制片人可能始于一个非常深刻的记忆或愿景，以至于必须将其表达出来，而这正是这个过程开始的地方，甚至是在计划故事结构之前。"恩赖特将材料和技术发现放在他的过程的最前沿，并抛弃了许多常用的预生产方法。他收集并编辑场景，尝试不同的图像和想法，让自己四处寻找灵感和真理，即使感觉不那么舒服。罗伯特·里昂斯（Robert Lyons，另一位非常有才华的实验电影制作者）将"不适感"定义为他创作手法的关键部分："这是一个发现的过程，因此你必须适应感到不适和愿意接受失败。并不是所有的事情都会有用，但是当你愿意接受失败的可能性时，魔法就会发生。"我特别喜欢里昂的这句名言，因为它既是一种鼓励，也是一份警告：作为一名实验电影制片人，你是在没有地图的情况下开启了一段公路旅行。到达目的地的时候可能耗费了很长时间，甚至感到沮丧，但你将走出自己的一条路，而这将使一切变得不同。

以下列出了6种独特的实验动画类型来指导和启发你。我已经尽了全力去解释这些概念，以及应该如何将它们运用到自己的故事中。我策划了一系列希望你会在网上观看的电影，因为这些电影已经在实验电影的专业领域中取得了成功。

如果你发现自己的电影是实验性的电影，那么我相信这些概念中的某一个将为你提供你一直在期待的火花，并为你制作实验电影打下基础。我唯一的建议是（无论你选择哪种方式），真正让自己参与到这一过程中去，正如科学家会痴迷于他的下一个重大发现一样。渥太华国际动画节的动画制作人兼艺术总监克里斯·罗宾逊（Chris Robinson）说："实验动画意味着实验，实验意味着科学。一位科学家带着一个问题进入实验室，当他离开时他希望有一个答案。"

探索不同，寻找你的真相，然后不断尝试直到感觉正确为止。如果你致力于对实验的辛勤付出，那么最后出现的结果可能是任何人都不曾看到过的，正如一种大发现一样。更好的是，这一切都将归你所有，这是使它变得如此神奇的原因。

> **请注意**
>
> 探索实验动画电影的方法有无数种。探索你自己的道路将花费一些时间，因此请做好准备进行大量的收集和编辑。探索实验动画电影让人感到兴奋的部分原因在于冒险及要踏上通往无法预测的结果的旅程。拥抱这一过程，用科学的方法去探索，你的实验电影将会蓬勃发展。

实验形式1：视觉音乐

如果你在听音乐时有了故事想法，想着"这首歌一定要在我的电影中"，那么就可以考虑将这首歌作为电影的主题。视觉音乐是一种实验性的动画形式，它试图将音乐的声音和节奏转换为动态图像、形状和颜色。尽管你可能很想观看很多动画音乐视频，想了解其他人是如何从音乐中获得灵感的，但是其中的大多数视频旨在更真实地表达歌词，并且非常关注乐队的形象，好让他们受到欢迎。另一方面，视觉音乐着重于呈现图像，使歌曲的声音和节奏栩栩如生，

图 马克斯·波特和鲁·夸哈塔,《负空间》

从真正意义上对音乐进行视觉再现或诠释。

幸运的是,这种类型的实验动画拥有悠久而辉煌的历史,这类电影屡获殊荣,如伦·利(Len Lye)的《自由激进分子》(*Free Radicals*,1958)和诺曼·麦克拉伦(Norman McLaren)的《不羁-涂鸦》(*Boogie-Doodle*,1941),都是这种方法的典范。《不羁-涂鸦》用一首歌讲述了一个升华了的视觉故事。"不羁"是阿尔伯特·阿蒙斯(Albert Ammons)演奏的同名歌曲,而"涂鸦"是指诺曼·麦克拉伦的绘画和动画。这些电影是独一无二的,因为在观看时你会感觉到音乐及其动画效果非常完美地同步,以至于看上去它们实际上是同一种形式。音乐听起来与动画完全一样,动画看起来与音乐完全一样。两种形式是如此融合,以至于它们成了一件无缝拼接的新艺术品。

如果音乐一直在指导你的故事构想,那么完全专注于如何给音乐注入生命可能会提供你一直在寻找的故事方向和结构。你可以按自己的想法来理解声音,只要确保使图像和动作直接响应那首音乐中的情绪和结构即可。

实验形式 2：纯诗歌

向散文诗歌致敬，因为它孕育了最令人难忘的一些动画短片。就像视觉音乐一样，用散文创作动画实际上与你对原始作品的诠释有关。你可以从字面上看待作品，并画出作品中直接提到的图像，也可以用你自己的图像重新解释那些文字的所有含义。无论是诗歌、句、打油诗、韵律，还是你读或写的东西，许多导演都觉得揣着一部他们松散地称之为"剧本"的东西开始创作电影格外自由。俳句、打油诗，甚至是五言诗都可能特别有用，因为它们还附带有关结构和时间的规则。

如果你选择这种实验方法，我必须提醒你不要坐享别人的文字给你带来的安全感。无论是使用散文还是其他自由的形式，如诗歌和短篇小说，请将这些作品作为出发点，并花时间去选择激发你灵感的那部分，然后让自己用视觉的形式对其进行解释。你应该"重写"或至少"编辑"最初激发你电影创作灵感的那些文字。只有当你通过自己的解释将其制作成作品时，才会真正将文字本身展现出来。

马克斯·波特（Max Porter）和鲁·夸哈塔（Ru Kuwahata）的移动定格动画短片《负空间》（*Negative Space*，2017）改编自罗恩·科特（Ron Koertge）的一首诗。它是如何将一首诗改编成动画短片的一个很好的例子。波特评论这部电影时说："因为罗恩的诗太简单了——只有 150 个字，我们觉得有足够的空间可以通过视觉隐喻和潜台词将我们的个人经历带入故事。我们都对感觉太过直白的改编表示怀疑，希望能够有充分的理由将这首诗歌转化为其他形式。"

也可以看一些经典作品，包括简·范德玛（Jan Švankmajer）在 1971 年制

图 马克斯·波特和鲁·夸哈塔,《负空间》

作的超现实主义电影《贾伯沃克》(*Jabberwocky*),该电影基于刘易斯·卡罗尔(Lewis Carroll)的诗歌进行了创作;UPA 在 1953 年对爱德加·爱伦·坡(Edgar Allen Poe)的《讲述故事的心》(*Tell-Tale Heart*)的诠释;以及布鲁斯·阿尔考克(Bruce Alcock)在 2005 年对艾尔·普迪(Al Purdy)的诗歌《在昆特饭店》(*At the Quinte Hotel*)的诠释。基于诗歌的精彩且令人兴奋的实验电影还有很多,它们是动画短片的出发点。

实验形式 3:重复/进化

观看一系列的图像不断循环并在该模式下进化,然后以一种快速且出人意料的方式结尾,可以带来一种独特的满足感。这种以更长的动画形式进行的循环被称为重复/进化。使用这种形式的电影都具有精心设计的循环结构。这些循环不断重复,然后缓慢改变和进化。在进化的过程中,魔法发生了。图像可以像一角硬币上的超现实主义绘画一样变形。你可以在几毫秒内引入和破坏新角色,也可以将观众拉入精灵的世界,但只是为了揭露精灵微笑中火热的地狱。

通常，重复／进化会利用对古怪角色的设计来使观众有一些奇怪的感觉，但这种方法对于形状和抽象形式同样有效。重复／进化的关键在于为你的主角设置可预测的重复动作，这样观众可以跟上你设计的世界逻辑，即使事物可能变得有些疯狂。

想想重复／进化方面的大师，英国动画师西里亚克·哈里斯（Cyriak Harris），或者简单地说就是"西里亚克"（cyriak），他在 YouTube 上拥有超过百万的关注者。西里亚克将他的创作过程解释为"在冰川时间的尺度上即兴发挥"。在他 2011 年的电影《欢迎来到猫咪城市》（*Welcome to Kitty City*）中，

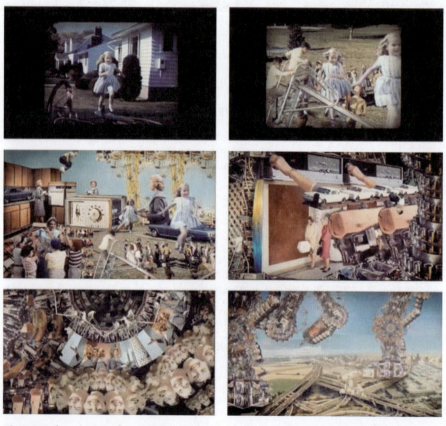

图 西里亚克·哈里斯，《倭黑猩猩》（*Cirrus by Bonobo*），音乐视频图像

一只可爱的猫点点在一个郊区的城市景观中轻柔地弹跳，然后周围所有的稀奇古怪的猫科动物都围绕着它出场了，西里亚克说："我是数学和几何学的忠实拥护者，尤其是当它们被用来扭曲我们对现实的看法时。我的很多视频基本上都是关于从秩序中创造混乱，或在混乱中寻找秩序的。"

西里亚克电影的疯狂之处，也是最好的重复／进化形式都具有的品质，就是当你克服所有奇妙的混乱和古怪而到达终点时，一切似乎都出于某种原因而说得通了。西里亚克的重复／进化为图像的演变创造了可预测的节奏，从而产生了叙事的感觉。加上他对叙事性高潮结构的熟练使用，你既能获得像航海一样四处探索的体验，又能获得深深的满足感。

实验形式 4：连续性／多样性

如果你喜欢重复／进化的概念，那么你可能还会喜欢连续性／多样性，这是一种相似的形式，只是在一个重要方面有所不同。连续性／多样性建立了一个永远不会改变或发展的可预测元素。动荡变化的海洋可以围绕着它旋转，但是只要原始元素保持稳定和可预测，观众就会坚持相信这个故事。我建议你看一下比涅尤·罗伯津斯基（Zbigniew Rybczynski）的经典电影《探戈》（*Tango*，1981）。《探戈》由一个有 4 个入口（或出口）的房间的静态快照组成。角色进入这个空的房间，执行一个动作，然后退出。当新的角色进入和退出时，已经出现的角色将重复他们的动作。总共有 36 个角色无任何交集地进入和退出这个空间。这里的连续性显然是一个房间、一个镜头、一个视角及笔直前进。多样性是进入并退出这个空间的许多角色。这是一部令人着迷的、混乱又有催眠作用的电影。它是人类生存的寓言，是对短暂人生的评论，也是对连续性／多样性实验形式的杰出运用。

实验形式 5：选集

有时，你还没有想清楚要讲的单个故事，但已经毫不犹豫地肯定了你想探索的主题。这个主题会在你的大脑中产生一个想法的喷泉，但你不仅不能只选择一个想法，而且知道只选择一个故事并不能完全展现你的大创意的魅力。你真是个幸运儿。选集形式为你提供了探索主题的多种方式，只要你愿意，要多少有多少，只要将这些故事结合在一起的"线头"是在探索主题就可以了。

举个例子，假如这是一个有关初恋的短篇小说集：一个故事可能是关于初恋的悲伤，下一个故事是跨越了多个世纪和大洲的旷世爱恋，而再下一个故事则是关于"只是普通朋友"的喜剧。拿起一本书，你不会期望书里的所有故事都有相似的语调、风格，甚至有相似的道德观点，所以你的作品也不必如此。只要它是在试图寻找主题的一些真相，你就可以继续前进。简·坎皮恩（Jane Campion）的现场表演短片《没有激情的时刻》（*Passionless Moments*，1983 年）是一个很好的选集短片的例子。这部电影的开场白是："在你的街区里有 100 万个没有激情的时刻；每一个都是脆弱的存在，刚形成便消失了。"接下来的画面精致地探索了各种"没有激情的时刻"，从平庸、温柔到悲剧，以及介于它们之间的所有一切。

雷卡·布西（Réka Bucsi）于 2014 年获奖的动画短片《42 号交响曲》（*Symphony No. 42*）是另一个很好的选集电影的例子。该短片共有 42 个松散的小插曲，探讨了"人与自然之间的非理性联系"这一反复出现的主题。当被问及她是如何想出这个故事的时候，布西说："我一直在写一些小东西，然后在某个时刻坐下来整理这些想法和情感，并开始围绕它们建立一个有联系的系统……在制作的过程中，一个更具体的主题就出现了，然后开始围绕着它整理场景。"如果你有兴趣尝试制作选集电影，请在网上寻找该影片。这是一部大师之作。

图雷卡·布西,《42号交响曲》

解锁你的故事

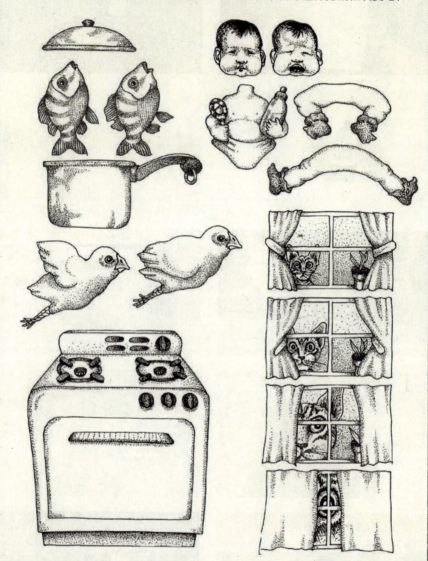

图 琳达·海勒,《快速电影》

实验形式 6：剪裁 & 玩耍！

抠图迷特里·吉列姆（Terry Gilliam）说："对我来说，动画的全部目的就是讲故事、开玩笑和表达想法。技术本身并不重要。什么管用就用什么。"

吉列姆的实验技术——抠图动画（在《蒙提·派森的飞行马戏团》（*Monty Python's Flying Circus*）中得到了广泛使用）是用纸来剪出角色（和物体），并真的在镜头前用它们来讲故事的。这个过程使他可以异想天开，充满奇思妙想。他使用的抠图形式为他创作的所有作品增添了喜剧感。

因此，作为我们探索的最后一个实验形式，让我们一起来：动手玩！缪斯女神会很喜欢你把计算机推到一边，让自己变得脏乱起来！对于许多人来说，故事的灵感只有在你开始移动物理物体时才会出现。一个简单的"剪裁和玩耍"可以帮助推动情节发展。画出你的故事的主要图像，就是那些故事中不能没有的东西。现在，将它们剪裁出来，然后将所有这些东西放在桌子上。有一种直接的能量和直觉，只有当你用双手实时地移动事物时才会出现。

也许你已经想出来的角色和元素可以从这项练习中受益。元素之间可能会萌生关系，新的故事想法也会出现。当你四处走动时，请拍摄那些不同布局的照片以供未来参考——因为你可能会捕获"黄金"[①]，并且不想失去它！

可以看一下琳达·海勒（Linda Heller）制作的出色的短片《快速电影》（*INSTANTMOVIE*，1978）。海勒在这部电影中运用了你制作动画电影所需的一切。准备好进行剪裁、着色和做些动画吧！

---

① 译者注：表示一种珍贵的、有用的东西。

解锁你的故事

解锁你的故事回顾

1. **探索叙事练习**

   阐明冲突，尽早呈现

   晚些开始

   最大的秘密

   图形化

2. **探索实验形式**

   视觉音乐

   纯诗歌

   重复／进化

   连续性／多样性

   选集

   剪裁＆玩耍

作业

10 张卡片

10 张卡片练习是我的最爱之一。我看到过它的实际效果，它能够帮助各种各样的叙事者解决有问题的故事，并使其变得清晰。这些步骤一开始可能会让你感到有些沮丧，但是如果你可以挺过去并继续学习该过程，则可以在整个职业生涯中都使用它。

步骤 1：提炼你的故事节拍。从 10 张空白卡开始，在上面写下 10 个最重要的故事节拍。现在，尽力用这 10 个节拍来讲述你的故事。在每张卡片的背面，画出最能说明节拍的场景。这里的目标是：将你的故事精简为 10 个节拍和 10 个重要的图像或时刻。

步骤 2：问自己卡片的顺序是否正确。我知道这听起来是有点疯狂的一步。有时，当故事处于胎儿阶段时，四处移动卡片可能会带来新的视角。花一点时间来研究是否有一些场景按不同的顺序展现效果会更好。或者验证你是否一开始就做对了。

步骤 3：添加卡片。如果你对这 10 个故事节拍感到兴奋并准备继续添加故事节拍，那就去做吧。许多艺术家会看到故事中的空白点，然后意识到需要增加的内容。额外添加 10 张卡片来填补缺失的内容。添加卡片后，将它们再次放在地板上，然后重新回到步骤二来检查修改后的卡片组。

如果你对故事感到不安并想重新考虑它；或者感觉不错，但是觉得如果再修改一下它可能会变得更好，那么请继续执行步骤 4。否则，你可以直接开始学习下一章。

步骤 4：删减卡片。当导演不确定他们的故事卡片时，我会问："你觉得哪些卡片最有趣？你最想保留哪些？"他们经常说只有两三个节拍值得保存！换句话说，他们试图讲一个太大的故事，而现在却对故事中最有趣的部分有了新的理解。因此，请删减那些没用的卡片，然后将其替换为空白卡片。这是你真正编辑和修改故事的机会。我鼓励你扔掉 10 张卡片中的 8 张。这项练习最令人兴奋的事情是什么呢？是通过简化故事情节，你可以确定自己真正喜欢的内容，并将故事带入新的发展方向。重塑想法并重新专注于那些最初激发你兴趣的事物是不需要感到羞耻的！

步骤 5：重复步骤 2~4，直到对故事满意为止。然后继续学习第 4 章。

故事板

建立视觉脚本

"在我们的工作室,我们不写故事,我们画故事。"

——华特·迪士尼(Walt Disney)

华特·迪士尼(Walt Disney)以动画和动态图形领域的许多重要的创新而闻名。但是,他最大的贡献也许是在 20 世纪 30 年代,当时他决定按顺序把一系列粗略的草图钉在墙上,用来帮助他向团队解释一个故事的想法。像许多伟大的创新一样,这个决定是出于必要而做的:制作动画是一个昂贵且耗时的过程,仅仅一个失误就有可能付出非常高昂的代价。

能够在制作动画之前先巩固故事，可能会为像迪士尼这样刚起步的动画工作室节省不少钱。另外，这种方法很适合迪士尼先生自然的个人演讲技巧。他善于运用素描这一视觉辅助方法栩栩动人地讲述一个想法的全部内容，包括对时间、布景、框架、连续性和故事过渡的想法。他会利用这些草图使人们为之兴奋——从他的艺术家团队到潜在的投资者。在迪士尼，这一过程变得至关重要。在之后的十年，它风靡了整个真人电影制片行业，使得故事板像好莱坞的剧本一样无处不在。

故事板是你制订最适合故事的视觉元素的机会。它可以帮助你在移动单个像素之前就确定好动画作品的大多数方面。故事板节省了时间和金钱，并且可以使人们对你的项目感到兴奋。简而言之，故事板越好，项目成功的可能性就越大。

> **请注意**
>
> 使用故事板的方法与讲故事的方法一样多。有一些艺术家喜欢从一个完全写好的剧本开始，并将其"转录"为图片。也有人仅以粗略的轮廓开始，在制作故事板的过程中进行"写作"。我鼓励你多进行一些尝试，找出最适合自己的方法！

我将首先介绍故事板的基础知识，然后介绍一些你需要的重要概念。这些概念可以使你的故事板完整并能够用来进行动画处理。这整个过程是自然发生的，让你的故事板从简单逐渐变得复杂。

建立故事板

当你开始制作故事板时,就是在为故事节拍创作单独的动作框架。粗略地开始,然后逐步添加所需的详细信息。此过程可确保在故事易于理解的前提下,添加使故事更加复杂和有趣的细节。

制作缩略图

缩略图是故事板的第一个粗略草图。它们可以帮助你确定"镜头"的顺序,并提供机会让你确定镜头的组成、取景、布景和过渡等方面的重要信息。缩略图应该很粗糙——简笔画就很好。也可以使用便利贴——它们可以移来移去,并且可以有针对性地限制你添加到图中的细节量。将制作缩略图视为故事板的实验阶段,并在附近放置一个垃圾桶——你将朝着这个方向投掷出大量的抛物线。

图 缩略图不需要太多细节即可发挥很大的作用。好的缩略图只显示最基本的信息

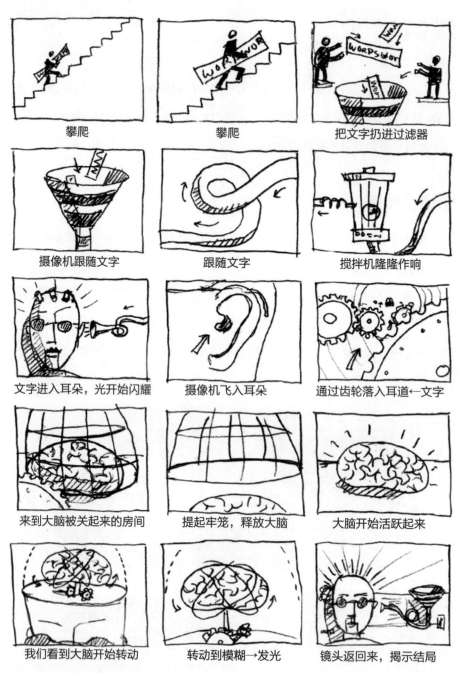

图 理查德·伯格（Richard Borge），故事板美术

教授兼故事艺术家格雷格·阿拉亚（Greg Araya）说："一张故事板的首要图标是可以被快速且清晰地阅读，而不是成为精雕细琢的艺术品。你会一直丢弃、重做这些面板，所以不要在面板上投入太多。如果它不适合你的故事，就不要保留它，即使它是故事板上画得最好的那张图。"

修订缩略图

绘制完这些缩略图后，按顺序将它们钉在墙上，然后准备进行一些残酷的修改。每个镜头都有意义吗？时间或逻辑上有跳跃吗？故事发展缓慢了吗？场景之间的切换笨拙吗？逐帧向你自己介绍这些缩略图，并说出自己编写的所有对话，甚至唱出你准备在最终作品中要呈现的音乐。如果有任何问题，请无情对待。将便笺贴在问题区域上，然后重新绘制它，直到感觉良好为止。你在此刻进行的任何修复都是在节省未来的时间，减少未来的痛苦。

故事板

一些故事板艺术家会花时间为每帧画面创造精美的渲染效果，但这里的目标不是创造高品位的艺术，而是确保它的清晰性。如果你只需要一点涂鸦就可以捕捉故事的动作和情感，那就去做吧，但请确保你能捕捉所有的细节。请记住：这里是你应该解决镜头的组成、取景、布景和过渡的地方。考虑好所有的道具和视觉元素在每一帧中的位置非常重要。因此，当你开始制作动画时，请不要哭着对我说："等等，我忘了画他的帽子！我的厨师没有帽子，但是画面上已经没有空间可以添加它了！"

完成绘图后，请使用每帧下方的空间来书写对话或简短的注释（例如，"听到熊来了"或"栩栩如生"）。写完后，应当确保一个随便路过的人都能够理解每个画面中发生的事情，甚至可以了解整个故事。

故事板的修订

是时候测试你的故事板了。将你的故事板展示给一小群观众,或者至少展示给一个不怕问你棘手问题的人。向观众介绍故事板将迫使你弄清楚故事的节奏,以及关于布景和体验方面的决定。另外,真实观众的反应可以提供一个很好的反馈。随时随地观察观众们的肢体语言,与听取他们言语上的反馈一样重要(而且通常比他们的言语更为诚实)。

根据反馈做出更改后,请修改你的故事板,把它们清理干净以供公众使用。许多客户对干净的、呈现精美的故事板会做出更好的反应。如果你需要只通过故事板来向客户销售你的想法,那它们最好是星光熠熠的!如果一群动画师和设计师正在使用你的故事板来生成镜头清单,那么故事板应该详细到没有什么元素是需要额外解释的。

有关样式框架的说明

在第 1 章中,我们讨论了创造样式框架来传达作品的气氛、调色板和纹理的重要性。在处理故事板时,将一些样式框架插入故事板的序列中可能会有所帮助(这在与客户合作时是很常见的)。样式框架可以提醒你电影的"外观和感觉",并帮助你更清楚地解释你的故事板。

制作故事板的提示

好的,你现在已经知道了设置基础故事板结构的步骤,那么创造有效的故

图 乔布斯、乔里斯和玛丽凯,《单身生活》(A Single Life) 故事板

事板的最佳方法是什么呢？换言之，在整个故事板的创作过程中，你需要考虑哪些因素来帮助你将一个完整的故事视觉化地呈现出来呢？这与你是否戴上导演的帽子有很大关系。你必须像在电影中那样编排"镜头"，这不仅是为了清晰度（这是最重要的），而且是为了最大程度地激发情感。这意味着需要学习一两个有关镜头合成、取景、布景和过渡的知识。这些是你需要逐帧添加的细节，这些细节使每一帧成为一个完美的单元，使整个故事得以完整地展现出来。

镜头组成

你是否想给观众一种雄伟壮观的感觉——比如，日落时的山峰？用一个缓慢平移的超宽镜头就可以唤起这座山的美丽和壮观。最终到达那座山顶的孤独登山者呢？如何最好地捕捉他们的喜悦呢？用一个近距离镜头就可以以最大程度的亲密感最好地展现他们脸上的表情（和眼中的泪水）。你的观众渴望获得信息，镜头组成就是用来向观众展示信息的。你可以根据需要尽可能地接近或远离某个主题（作为导演，你同时拥有 X 射线视角、飞行视角和隐形视角），因此请主动引导你的观众到故事里来。

但是，组成不同大小的镜头不仅可以用来向观众提供信息，还可以用来保留信息以发挥最大的作用。以那个到达山顶的登山者为例。假如我们选择一个中距离的特写镜头，就会给人一种她终于到达山顶的印象。我们展示登山者在胜利中哭泣，在胜利中上下跳跃——她已经打败了这座伟大的山峰。但是，当我们拉回到广角镜头时，发现登山者实际上只是在攀登大山脚下的一个小小的山麓小丘，距离顶峰还很远！只用了一个镜头的小小改变，我们的登山者就从一个熟练而英勇的攀登资深人士变成了一个无望的登山业余爱好者。一个镜头的改变成就了喜剧的黄金。

镜头组合允许你向观众展示你希望他们看到的信息，因此请格外小心使用你的能力。

构图

如果确定镜头大小只是为了向观众提供他们所需的相关视觉信息，那么构图就是为了使观众的眼球保持兴趣。构图是指与镜头、"电影摄影"，以及某种程度上的诗歌有关的艺术。当然，你可以在每帧的中间位置放置主题，比如，你可以在故事板框架的中间放置一个龙卷风。是的，它仍然是一个龙卷风。但是，如果你希望人们能够感受到龙卷风的风力、混乱和它的运动，那么动态构图就是增强故事视觉效果的关键之一。

著名的"三分法则"是一个易于遵循的、可保持画面动态的工具。简单地将你的单帧画面划为水平和垂直三等分的9个相同大小的象限就可以了。

三分法则

过于居中　　　　　　　　✓更有趣

过于居中　　　　　　　　✓更有趣

现在，与其将你的主角放在画面的中间（通常认为是一个"静态"的位置），不如将其放置在另一个框内，即框的顶部、底部、左侧或右侧三分之一的位置。尝试将画面对象的焦点放在象限线相交的4个"交叉点"上。

为什么这样做呢？似乎是随机的？好吧，把这想象成在复活节和孩子玩游戏。如果你想让他们找到复活节彩蛋，则不会把它直接放在他们面前的桌子上。由于孩子会自然地到处走动以寻找复活节彩蛋，因此当他们在公园的长椅下找到彩蛋时可能会更兴奋。这是交互式的，与画面中的对象相同。眼睛想要到处走动，如果需要去寻找你的主题，它将感到更加满足。将主题放在中间，眼睛就不需要去别的地方——这就很无趣。让主题靠近边缘，为眼睛移动制造空间。按照规则（三分法则）进行游戏，你的画面会让眼睛感到更愉悦，并使故事充满刺激和悬念。

布景

考虑周到的构图会帮助你围绕对象构建镜头，使观众的眼睛保持兴趣。而布景则是将场景中的对象（和镜头中的其他事物）根据摄像头的位置放置在空间中。布景应该为画面中的事物和角色创建一个视觉和概念上的层次结构，以增强整体的故事效果。

首先要考虑的（一直都）是清晰度。你希望观众的眼睛能够清楚地看到主角发生了些什么。因此，这意味着需要避免将不必要的视觉信息放在里面。假设你的项目是关于一个动画师整夜都在做故事板的故事，那么尽管他们的工作室可能有一个大书架、一个立体声音响或大框架照片，而且这些东西对于该场景来说是很自然的，但是将它们添加到镜头中则意味着观众的视线将漫游到这些故事死角，因为这些视觉信息无法增强你的故事。你需要在场景中只保留可以增强你的故事的视觉元素。如果想表达动画师熬了一整夜,那么你可能想将一个装满皱巴巴的纸团的垃圾桶放在她的桌子旁边,此外,还有一些空罐头和一个用红色大字体显示着早上 6:00 的闹钟。围绕主角进行布景的事物应该有助于强调你要传达的想法,同时又不影响主角的重要性。

布景不仅具有增强主题的作用,还可以为拍摄提供深度。从实际意义上讲,根据主题进行布景可以给环境带来物理深度。让我们来看另外一个例子。一个角色正在将汽车钥匙交给另一个角色。将角色的手和钥匙放在镜头前面(大),

镜头目的:一夜未睡的人 / 赶最后截稿日期

太多信息
焦点模糊

✓ 更好

镜头目的:递交车钥匙

太多信息
焦点模糊

✓ 更好

图 奇诺·金（Kino Jin），《门》（*The Gate*）故事板

而汽车放在镜头后面（小）会立即产生深度和趣味性。这种布景会使观众的视线从镜头前较大的主要对象漫游到镜头后，并在那里发现汽车。正如前面提到的三分法则，发现比即时满足更令人愉悦。给眼睛一些物理深度以探索新信息可以使视觉组成更加有趣。

但是，布景还可以通过另一种方式为镜头增加深度：故事情节。通过对主题与重要的视觉信息进行布景，可以使观众更深入地阅读故事中正在发生的事情。以动画师为例，垃圾桶中皱巴巴的纸团当然代表了动画师的尝试和错误的设计，但是通过进行更深入的分析，可以认为装满了纸团的垃圾桶代表了她不屈不挠的精神。你必须通过一致的叙事来实现这一飞跃，但是一旦观众开始理解视觉信息，你可能就会对他们建立某些联系的能力感到惊讶。这就是人们通常将一个好故事描述为一个"有深度"的故事的原因。

过渡和连续性

大胆的警告声明：与其他形式的电影制作相比，动画的最大优势是动画过渡。好吧，我说了，没有任何疑虑！在两帧动画之间任何事情都有可能发生。你可以将黑色的瞳孔变成女孩报告卡上的黑色文字，将喷火的龙变成婴儿的洗澡玩具，或者将老板办公室的门变成地狱的大门。与整个动画一样，动画转场的可能性是无限的。这就是你必须好好练习并使这些过渡与你的故事配合在一起的原因。做好动画过渡最可靠的方法是关注连续性。

连续性是支持故事的视觉信息从一个镜头过渡到另一个镜头的自然流程。从最基本的角度来讲，你必须确保故事在镜头之间流动。如果角色在第一个镜头中被狂风吹拂，那么请确保在下一个镜头中他们的头发是邋遢的，并确保头发保持邋遢，直到角色梳理了头发为止。如果角色在建筑物的二楼，那么他们必须走下楼梯，才能跑出前门进入街道。你会惊讶地发现很多电影都让这些东西从缝隙中溜走了。防止连续性出错的最简单的方法是始终遵循你所创造的世界的逻辑（空间连续性）、所讲的故事的逻辑（时间连续性），以及其前进的物理方向的逻辑（方向连续性）。

观察空间连续性

确保你在创建的世界中建立的规则在各个镜头中保持一致被称为空间连续性。如果你在故事的早期就确定男孩的房子后面有一片森林，那么当他从房子里跑出来进入后院时，你就会知道他要去哪里——进入树林。如果你已经确定了卧室的大小，那么当他躺在床上向墙上扔一个球时，即使它不出现在屏幕上，观众也应该大致知道在球反弹之前它可以走多远。或者不是这样！因为你可以使用动画的神奇之处，比如，你想将男孩从他的卧室直接运送到外太空。实现此目标的一种好方法是，男孩将球扔向墙壁，球再也没有回来。得益于空间连续性定律，观众知道球应该在一秒钟左右返回——当球没有返回时，他们就可以猜测是不是某个物体拦截了它，或者墙壁（突然）消失了！当你将男孩的床剪切下来，换成被外太空包围时，这其实是一种合理的过渡，因为遵循了空间连续性定律。你会惊讶地发现有很多专业电影也会利用不好这种过渡，因此花点时间进行一次机械的检查，来确保所有镜头都遵循你所创建的世界的物理定律吧。

观察时间连续性

故事中逻辑的一致性被称为时间连续性。只要这些镜头忠于正在看的故事，观看动画的观众就会随着镜头里发生的、戏剧性的视觉变化从一个镜头到另一个镜头。时间连续性可以按时间顺序发生，甚至可以使用倒叙或快进来实现，但必须要有意义，并且必须来自你所建立的扎实的故事基础。如果你已经建立了一个深陷爱河的少年在聚会上寻找他们所爱的对象的故事，那么当他们最终找到这个人的时候，时间上的连续性就将提供各种可能的选择。你可能会看到少年的眼球变成了爱心，可能会看到少年的一生在他们的眼前闪回，也可能会看到这个少年的脑海中出现了一个具有前瞻性的幻想，多年以后他会脸红地站在暗恋对象面前，两个人终成眷属。只要与你所讲的故事保持一致，过渡可以有狂野的飞跃，并且需要使观众容易理解其中的意思。如果过渡对观众来说并不合理，那么你就不会获得那个飞跃——请回到故事板上。

观察方向连续性

最后的这个规则——方向连续性——的定义非常简单：在镜头之间保持对象或角色的任何动作的方向一致性。如果汽车从一个面板的左侧向右侧行驶，则必须将相同的动作延续到下一个镜头中。车辆、角色或朝特定方向前进的任何对象的方向切换都会使观众感到迷惑，这是故事板中的一大禁忌。在此进行第二次机械的检查，因为方向连续性错误总是会发生。

这真的很有效吗？

计时与动画

这里，计时的概念似乎有点抽象。我的意思是，你要如何在一堆静态的卡上确定时间？请允许我解释并强调一下，计时是你在故事板制作过程中需要巩固的最重要的细节之一。想象一下以下这个恐怖的情况：你正在向客户推销一

个30秒动态图形广告的最终故事板，然后在测试对话时发现最终超时长达2分钟！你再有魅力也没有办法摆脱这个污点。为了避免这种情况出现，你必须在故事板制作过程中确定好项目的时间安排。

　　这样做的第一步是确定整个作品的运行时长，也就是总运行时间（Total Running Time，简称TRT）。现在，将故事分成3~5部分，并确定每部分必须有几秒钟。最后，使用对话和布景内容作为指导来为每个场景计时。你可能会发现需要做一些修剪，甚至可能不得不削减一些自己非常喜欢的节拍。是时候变得残酷一些了，因为你必须满足时长条件！一旦你感觉已经搞定了计时，就再次向一个观众推销你的故事板，这次手里拿着秒表。

神奇的成分：时间（TIME）和声音（SOUND）

　　还是不相信你的计时？那么通过制作一个动画初剪来进入计算机动画领

域吧。动画初剪是故事板的视频版本，在动画时间线上按顺序排列每个镜头，并且配好音乐。它可以使你看到故事板（那些静态镜头）仿佛拥有了生命，并能够真实地了解故事的时长。

要制作一个动画初剪，你需要使用一个视频编辑软件。如果你四处找一下的话，会发现有许多价格实惠的工具，有的甚至是免费的：iMovie、Adobe Premiere、Adobe After Effects、Final Cut Pro X 和 Toon Boom 都可以很好地制作动画初剪。另外，还有很多 YouTube 视频可以教你如何使用这些软件制作动画初剪。

下载好其中一个程序之后，就可以将你的故事板扫描并导入其中，把它们排列在时间轴上。如果你已经录制了对话、音乐、配音或音效的话，也要将它们导入并添加到你的序列中。你可能需要做一些修补才能让它们变成自己想要的那样，并且这总是会让你感到有点尴尬（毕竟，你正在用静态的卡片来制作"动画"），但是你要尽力为整个故事制作一个诚实的时间线。

警告：你可能会想在动画中添加一些新的面板，从而给它带来更多的"动画感"。但是，如果你想添加走路、眨眼或用照相机在拍照这样的画面，那就慢慢进入了动画的范畴。我们还没有为此做好准备，所以请控制住这样的冲动！

你需要（再次）拿出最残酷的内心编辑器。如果一个节拍过长，请将其缩短。如果一个节拍似乎可有可无，而且你又需要节约出一点时间，那就砍掉它。你甚至可能会发现自己有太多的时间，然后被迫制作新的视觉节拍。那就立即开始制作它，并把它加入新的动画初剪中。时间是真理。当你按照动画初剪对故事进行排序时，真理将变得像水晶般清晰。这是惊喜和借口消失的地方，因为动画初剪是你在制作动画之前对故事进行修改的最后机会。

如果你准备好了——我的意思是说真的准备好了——那么我们继续前进吧！

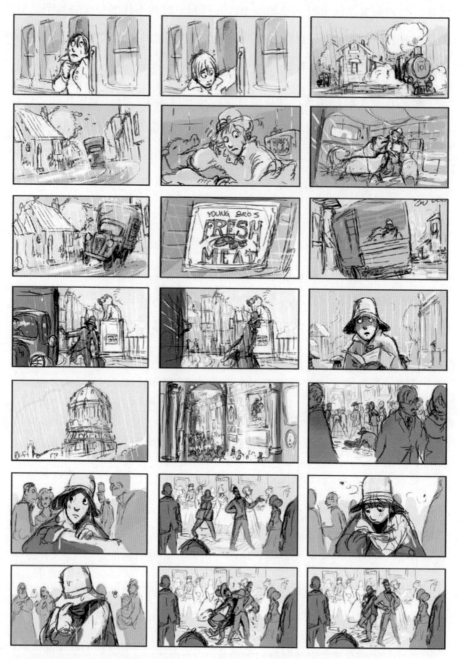

图 斯特灵·谢伊（Sterling Sheehy），《韦克菲尔德》（Wakefield）故事板

故事板回顾

1. 负责任地让镜头多样化：利用不同大小的镜头来增强叙事的逻辑性和戏剧性。
2. 构图和三分法：将拍摄对象放在偏离中心的位置，使镜头有趣。
3. 布景：分块布置元素来创造视觉和概念的层次感。
4. 空间连续性：确保每一帧画面与你创造的世界的物理规则保持一致。
5. 时间连续性：确保每一帧画面与你讲述的故事一致。
6. 方向连续性：确保物体在两帧相邻画面之间朝着一致的方向移动。
7. 计时：使用秒表，并确保故事在分配的时间内讲完。
8. 动画初剪：通过在时间轴上排列故事板的每个镜头、增加临时对话和其他声效来开发镜头序列的节奏和流程。

作业

用故事板制作一个简单的故事前提

使用上述方法，为以下这个简单的故事前提制作缩略图、缩略图修订版、故事板和故事板修订版：一个被绑住的角色发现了一块魔毯。他们在哪里找到了它？他们要去哪里？这就是我告诉你的一切，只不过它必须只有30秒的时长。完成你的故事板后，将其推销给一小组人或一个人。尽最大可能对其进行计时。如果你可以使用一个编辑软件，请将其制作成一个动画初剪来做最终的计时。

颜色感

使用正确的调色板增强你的故事

    颜色具有表达故事情绪的强大功能。它可以表达情感、阐明动机并增强作品的整体含义。田野是郁郁葱葱的绿色还是黄棕色，意味着完全不同的东西；英雄在夕阳下的骑行可以因为一个色彩的调整变成走向地狱的深渊；如果被吻者的脸变成了绿色而不是红色的话，那么男孩的初吻将具有不同的含义。

图 路易斯·莫顿(Louis Morton),《鼻毛》(Nose Hair)故事板

那么，最适合你的故事的颜色是什么呢？如果要使用颜色的话，可以使用的正确的量是多少？你要如何使用颜色来增强作品的情感影响？本章将回答这些问题，并为你提供一些简单的准则来指导你如何计划调色板并通过明智的颜色选择来丰富你的故事。

颜色词汇

警告：当人们谈论颜色时，他们倾向于使用对不同的人具有不同含义的单词。在谈论颜色时，语言是一个难题，因为每个人都假设其他人完全看到了自己看到的内容并以此来描述。毕竟，颜色就在那里清晰可见！但是，围绕颜色的错误沟通会引起很大的问题。例如，当客户提到他们想要的"色调"时，他们实际上想说的是"色相"。

因此，让我们来看一下一些基本的颜色词汇吧，以确保我们使用的是相同的语言，而不会产生任何误解。

色相、饱和度和明度

如你所知，颜色具有3个标准特征：色相、饱和度和明度。当我们问"那是什么颜色"时，问的是色相。色相是指光谱中常见的颜色名称，如红色、蓝色、绿色、蓝绿色等。饱和度是颜色的强度或纯度。

高饱和度的颜色看起来充满活力，而且很明亮，而低饱和度的颜色则看起来很暗淡，几乎是灰色的。明度是指一种颜色的相对明暗度——颜色的曝光多少基本上决定了明度的数值。高明度表示颜色更接近白色，而低明度表示颜色更接近黑色。本章将会使用这些术语，因此，如果你需要查看这些词的含义，请参阅此处的色相、饱和度和明度的图表。

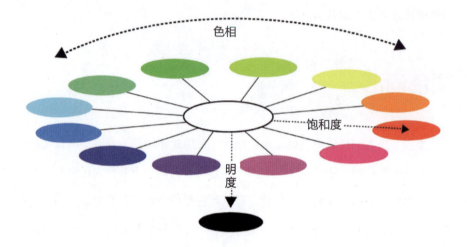

色调

与明度（指的是特定颜色的亮度或暗度）不同，色调反映的是整个镜头或场景的整体亮度或暗度，而与所使用的颜色无关。另外，色调是指场景中的元素之间存在多少对比度。记住这一点的最简单的方法是将影片视为黑白镜头。无论你的场景有多接近黑度或白度，以及有多少对比度，我们都将其称为色调。因此，虽然色调似乎并不特别与颜色（本章的主题）相关，但色调是考虑颜色时的关键要素，会严重影响场景的情感色彩和含义。

创建一个颜色脚本

现在，我们已经搞清楚了颜色的词汇，再来看一看这些故事板吧。因为是时候开始为电影中最重要的场景创建颜色脚本了。

颜色脚本是你打算如何在动画电影中使用颜色的一个连续的视觉轮廓。创建颜色脚本的过程可以是非常实验性的，因此像往常一样，我鼓励你找到最适合自己的方法。诀窍在于如何平衡你认为在单独场景中看起来合适的颜色和有助于丰富整个故事的颜色。故事永远是第一位的，因此如果一个颜色对于讲述故事没有帮助的话，你可能就需要替换掉它，即使你非常喜欢这个颜色（从审美的角度而言）。

此外，你应该关注一下使用了多少种颜色，以及是否使用了太多颜色而使故事无法从中受益。一些特别激动人心的动画电影只使用了单色或颜色极其有限的调色板，但却能够表达丰富的情感。探索一下是否有一种更简单的颜色使用方法会更适合你的项目。

如果你可以限制调色板的颜色，那很好，因为创建颜色脚本的第一步是：如果整个故事只能有一种颜色的话，你要选出这种颜色。我知道，这是苏菲的选择（Sophie's choice）！但是，此步骤类似于（并与之一样重要）弄清楚故事的最大主题，因为它会影响你接下来的创作选择。我们很快将会讨论颜色的象征意义，但我建议你凭直觉回答以下问题，来帮助自己确定项目中最重要的一种颜色：当你闭上眼睛时，你的电影看起来是怎样的？你的电影给人的感觉是怎样的？它是一个粉红色的电影吗？灰色的？你的电影的总体情绪是怎样的，以及它是否足够重要以使你可以围绕它创作电影的调色板？弄清楚电影的主题颜色将有助于建立其他颜色的调色板，并使你未来的创作生活轻松很多。

一旦选择了一种颜色，下一步就是创建所谓的预颜色脚本（pre-color script，简称PCS），就是用一系列与最重要的故事节拍相匹配的矩形彩色条来表示故事板。你可以限制自己只使用一种颜色，或者使用几种主要颜色，且可以把预颜色脚本想象成一场娱乐游戏——你必须在每一帧中只使用一种主要颜色或颜色有限的调色板来从头到尾讲述整个故事。开始这个过程的最佳方法是识别故事中需要用颜色强调的关键时刻。这些是故事中必须出彩的时刻。在电影的剩余部分选择的其他颜色应尽可能地支持这些时刻。

下面的示例是松山周平（Shuhei Matsuyama）为动画《阿米卡》（*Amica*）做的预颜色脚本，其中包括故事节拍和强度表。简单的场景描述介绍了蓝色和绿色为什么会成为故事的主要颜色，因为故事讲述的是主角青蛙（阿米卡）在森林里的一段旅程。

另外一个你可以进行视觉化的示例是一只小熊在树林里迷路的故事。假设小熊在夜间遇到了一些危险的捕食者，到了黎明终于回到了熊熊大本营的家中。颜色很重要的时刻（那些最大的场景）似乎很直白：第一，当小熊迷失在树林中时；第二，当小熊与危险的捕食者搏斗时；最后，当小熊安全地回到家中时。如果要用固定的色相来表现这些关键时刻，那会是哪些色相呢？

在回答这个问题时，我鼓励你运用直觉，打破一些规则，发挥创造力。但是，如果你的想法没有如泉水般涌入，那么不妨从在西方文化中渗透的、流行颜色的象征意义着手去思考颜色。红色代表威胁、愤怒或危险，如达斯·维达（Darth Vader）的红色光剑或胡克船长（Captain Hook）的红色帽子和夹克。当小熊与凶猛的捕食者搏斗时，你可以考虑使用一泼戏剧性的红色。

amica 故事节拍、颜色强度表和预颜色脚本

1 在家的阿米卡
2 玩偶变成一只青蛙
3 青蛙跳进了阿米卡的喉咙
4 阿米卡走进了黑色森林
5 阿米卡遭遇怪兽
6 阿米卡和怪兽寻找神奇的兰花
7 阿米卡尝试获得兰花
8 青蛙跳出了阿米卡的喉咙
9 结局
10 制作者名单

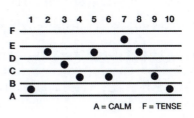

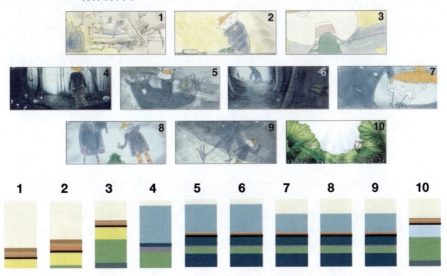

图《阿米卡》的故事节拍、颜色强度表和预颜色脚本

但是，用象征意义的手法可能并不总适用于各种场景。有时会需要对比度。你可能会意识到，需要先将小熊设置在一个较高对比度的场景中才能使小熊从场景中凸显出来。你可能还会发现，使用一个不属于电影调色板的、令人惊讶的颜色会激发该战斗场景中的戏剧性。

那么，小熊在最初迷路的时候，颜色的设置应该是怎样的呢？为了体现小熊的恐惧和迷茫，可以考虑更改现有颜色的明度，以便当小熊意识到自己迷路时，使整个森林变得更暗一些。该明度从绿色变为深绿色是一次色调的转变。场景的整体感觉会变得更加诡异、孤单和凶险。

最后，当小熊返回家园时，色相和明度也许都无法最大程度地增强这个瞬间。饱和度的变化也许才是最有效的。在小熊穿越森林的过程中，森林的颜色可能是不饱和的，暗示迷路的小熊是悲伤的；但是当小熊最终发现家园时，森林可以恢复为饱和的绿色。当小熊奔向她的家人时，这样的饱和度将为镜头带来突然的乐观和喜悦。

为故事中的关键时刻选择正确的色相、饱和度和明度，将有助于扩大你想要表达的情感，并阐明意图。你可以为颜色指定你想赋予的任何含义——你只需要定义和建立这个颜色，并在影片中对它保持一致的使用方法。无论是选择西方文化的象征意义，还是建立自己的含义，饱和度、明度的选择和色相的选择都是一样重要的，而最重要的是……跟随你的直觉！

配套颜色

确定好故事中关键时刻的色相、饱和度和明度后，就可以继续用调色板以同样的方式填充其余场景了。将那些关键时刻视为明星，然后用选择辅助角色的方法来选择其他颜色。你可能会想避免选择在色相、饱和度和明度方面能与明星颜色在关键场景上争夺注意力的颜色。

给我上色

现在,你已经完成了预颜色脚本,是时候开始大展身手,完成颜色脚本了。以预颜色脚本为指导,拿出故事板序列,并开始计划每个板上的颜色。你已经选择的主要颜色将帮助你专注于每个场景中想要展示的视觉效果。拿出你在预颜色脚本中标识的颜色,并将它们应用到故事板上。

完成此操作后,就该为每个镜头中的辅助角色、背景和道具选择颜色了。我还是敦促你跟随自己的直觉,并在选择颜色时始终将故事置于视觉效果之上。

图 金·杜拉尼(Kim Dulaney),*Eno*,艺术指导和设计。由劳伦·英多维娜(Lauren Indovina)执导,Psyop 制作

请注意

打印机使用称为 CMYK（青色、品红色、黄色、黑色）的减色系统，并且通过在纸上混合颜料来创建颜色。混合太多的颜料，就会得到黑色。动画使用称为 RGB（红色、绿色、蓝色）的加色系统，使用光来混合颜色。混合太多的彩色灯光，就会得到白色。长话短说，如果你发现从打印过渡到动态时颜色发生了怪异的变化，则文件可能已经从 RGB 变为 CMYK。大多数程序会补偿这种偏移，但是如果情况看起来很奇怪，可能就需要返回并将源文件从 CMYK 更改为 RGB。

颜色简化

以下是我收到的一些有关如何在动画电影中使用色彩来增强故事的最重要和最简单的建议。虽然它们来自偏商业化的思维方式，却是如何避免过度使用颜色的绝佳指南。它们来自动态图形、电影制作、图形设计和美术领域，代表了经验丰富的艺术指导和产品设计师的智慧，他们耗费心血的反复实验及犯过的错误使他们看到了智慧的光芒。听取他们的建议，否则他们无尽的痛苦将化为乌有。

图 金·杜拉尼（Kim Dulaney），*Airbnb*，艺术指导和设计。劳伦·英多维娜（Lauren Indovina），角色设计。由马可·斯皮尔（Marco Spier）和玛丽·贤（Marie Hyon）执导，Psyop 制作

运动设计

在你的每个板上，确定哪些是将要移动的东西，哪些是将要保持静止的东西。在选择颜色时，请确保背景和静止物体中的颜色不与移动主体中的颜色产生竞争。目的是将眼睛的视线引向你的主体对象，并且避免让不太重要的静止物体分散观众对主体动作的注意力。考虑降低背景或静止物体的颜色饱和度，然后让你的明星成为一盏聚光灯。

限制你的调色板

我知道我提到过这一点，但这非常重要！在静止的艺术品中，眼睛有时间

图 丹尼斯·米特霍夫（Denyse Mitterhofer），《小故事》（Tiny Tales）

探索颜色并研究其组成。但是对于动画（以及所有电影）来说，移动和时间的流逝对连续且清晰的焦点产生了需求。你希望自己的故事在每个场景中都能被快速、一致地阅读。用五颜六色、无关紧要的物体分散观众的视线是失去观众注意力的第一种方法。

简而言之，在选择颜色时，少即是多。镜头中有太多的颜色变化会混淆视线，就好像盘子中有太多口味的食物会混淆味道一样。最好使用极简主义的理念来选择颜色，并从尽可能少的颜色开始。在后期，添加颜色要比删除颜色容易得多。限制你的调色板可以使观众的眼睛能够快速处理运动的图像，并专注于故事中最重要的部分。

图金·杜拉尼（Kim Dulaney），*Eno*，艺术指导和设计。由劳伦·英多维娜（Lauren Indovina）执导，Psyop制作

认真使用饱和度

饱和的颜色是一种最纯净、最强烈的颜色。在一部电影中，完全饱和的色彩可能会非常有活力，以至于用错地方的话，它们就会抢走聚光灯。通过提高一种颜色的饱和度，你可以告诉观众"看这里，这很重要！"因此，不要使用太多饱和度过高的颜色而让观众感到负担过重，这一点至关重要。在真正需要出彩的重要地方和时刻，再将它们用于角色或背景。过于频繁地依靠饱和度会使眼睛疲倦，将颜色用作叙事工具也会变得毫无意义。比如，在谷歌中搜索"韦斯·安德森（Wes Anderson）颜色"，你不仅会发现一些很棒的调色板可以激发你的灵感，而且会看到当角色在不饱和的环境中移动时，安德森是如何经常用饱和的颜色来装扮主要角色的。

颜色感　111

支持（不要提升）主体

当你拥有一个色彩鲜艳的移动主体时，请小心不要添加颜色过多的背景和道具。移动的对象是你的明星，他需要呼吸的空间——他应该被周围的颜色所支持，而不是被提升。

让你的明星收获所有注意力的一种方法是在其周围设计一个开放区域。该区域被称为空白区域（尽管不一定是白色的）。你的主体会感谢你为他留出了一个宽阔的空白舞台，使他能够容易被看见。即使观众的视线在徘徊，能够在空白处获得一点休息也是值得感恩的。

另一种限制主体周围视觉竞争的方法是使用高对比度或互补色。这将有助于巩固主体周围的图形 / 背景关系，并使主体凸显出来。高对比度对于动力学字体、商标和广播图形尤其重要，因为单词与单个对象相比需要花费更多的时间来理解，因此需要清晰的图形背景关系。

使用令人惊讶的颜色进行标注

令人惊讶或出乎意料的颜色是一种与你的整体调色板相差很大的颜色，因此会引起眼睛的注意。当它被放置在故事的关键时刻时，一种令人惊讶的颜色可以使你的运动主体更生动，与主题思想结合更紧密，甚至可以引发故事的高潮。许多成功的动态图形标题序列都会在序列中使用大量的黑白色，然后用一种令人惊讶的颜色来进行标注。警告：与饱和度很像，令人惊讶的颜色非常有力量，因此使用时要克制。

选择一种主题颜色和一种强调颜色

我们在预颜色脚本的讨论中提到过这一点，但是选择一种主导颜色来统一整个作品的重要性这一点我怎么强调都不为过。在制作用于广告的动态图形时，这一点尤其重要。品牌商通常会在其创意简介中提供关于如何精确使用颜色方面的严格指导。选择影片的主要颜色可以为你建立调色板提供基础，并为观众提供一个他们将在你的作品中体验的主题。建立好主题颜色后，你应该集中精力选择一种强调颜色。选择一对颜色的方法有很多，你可以尝试选择互补色、类比色、色轮上彼此相邻的颜色等。基于该主题颜色和强调颜色，可以做出有关其他颜色的决策，因此请谨慎并尽早选择。

图 艾丽尔·科斯塔（Aliel Costa），《皮克斯展览》（*Pixel Show*）

制订你自己的规则

你现在可能已经知道了,颜色是复杂的。在动画中使用固定的颜色规则可能会适得其反,无法为你的影片找到合适的组合。当涉及颜色时,令人不舒服的组合和新的使用规则可能会创造出有趣的设计。当使用颜色时,你可以为项目制订自己的规则——只是对它们的使用方法要保持一致,使作品看起来是统一的。

作业

改编一个童谣,制作一个颜色脚本

改编一个简单的童谣,将其转换成某种类型的电影,如恐怖、喜剧、音乐、动作、科幻或西方。首先,编写一个三幕结构——每一幕包含一个句子。然后,为你的作品选择一种主题颜色。接着,为你的故事制作一个简单的预颜色脚本

图 金·杜拉尼（Kim Dulaney），《琳达所爱的》（Linda Loves），艺术指导和设计。由约旦·布鲁纳（Jordan Bruner）执导，Passion Pictures 制作

和一些全彩色样式的画面。

颜色感回顾

1. 颜色词汇：色相、饱和度和明度。
2. 制作颜色脚本来强调关键时刻。
3. 设计运动元素。
4. 限制调色板中的颜色数量。
5. 认真使用饱和度。
6. 支持（不是提升）你的主题。
7. 使用令人惊讶的颜色进行标注。
8. 选择一种主题颜色和一种强调颜色。
9. 制订你自己的规则。

怪异科学

用动画做实验

"我将自己制作动画的过程称为怪异科学。它是创造性的仪式和实验的结合。我们经常失败,有时又是幸运的。但是,如果你用正确的方式在做这件事并且一直有在关注的话,你就会开始学习属于自己的怪异科学。"

——拉玛·艾伦(Rama Allen),创意总监、标题设计师

可能和其他电影媒体相比，动画为实验提供了更大的温床。不仅是在画面制作方面有无限的选择，而且在制作的过程方面还可以像棒球棒那样大幅度地自由摆动，这也许是其他任何媒体都无法提供的。实验是充分使用动画过程的重要步骤，甚至可以帮助你发现故事中的关键时刻。有时，故事甚至是在制作动画本身的过程中产生的。尽管如此，一些怀疑论者还是害怕实验一词——他们感觉这意味着异想天开并认为这是浪费时间的代名词。如果你也有这种感觉，那么请使用更科学的词汇诸如"研究与开发"来代替它，因为那就是实验。即使是最古老、最神圣的技术和方法也可以从新一轮的实验中受益。

以弗朗西斯·斯科特·基（Francis Scott Key）于1814年撰写的美国国歌为例。这一旋律被认为是神圣不可侵犯的。直到1969年，吉米·亨德里克斯（Jimi Hendrix）在一群被震惊（如果没有石化的话）的群众面前，用一把吱吱作响的吉他以独奏的形式重新演绎了它。这被认为是对国歌的亵渎，但同时也是天才般的创新。吉米尝试了一个真实的水（H_2O）的新配方，并让它变成了液态的金子，而"星条旗"从此也变得不再一样了。

发现你的怪异科学

就像拉玛·艾伦（Rama Allen）（如前文所引用的）一样，吉米·亨德里克斯通过他自己的怪异科学创造了新事物，现在是时候来寻找你的怪异科学了。因此，鼓起勇气，像亨德里克斯一样大胆地去做吧——随便乱玩、测试极限、学习困难的新知识——或者冒险去掉动画故事中的关键要素。本章的实验是前几章的前期细腻工作与后面的技术细节之间的过渡。你可以将哪种动画魔术注入项目中呢？

图 伊恩·赖特（Ian Wright），《吉米·亨德里克斯》（*Jimi Hendrix*）。埃德·帕克（Ed Park）摄影

插画家（也是发明的巫师）伊恩·赖特（Ian Wright）用熟悉的摄影方式拍摄了吉米·亨德里克斯的肖像，然后通过实验的方式用滚珠将其重新创作出来（右图）。你可能会问自己，为什么一个艺术家会使用滚珠这样临时存在的媒介，而且没有用胶水。赖特说："好玩对我很重要。我工作的动力是尝试将它们推向新的地方，一个别的地方。真的，我对它们可能成为的样子很感兴趣。有时，我会因为犯错而达到这个目标，也常常因为偶然而找到解决方案。我更喜欢让自己使用的材料影响结果。"

创造"坏"艺术的重要性

第一步是创造一些真的糟糕的艺术。由于没有人会这么做，因此我（作者）在此授予你（艺术家）制作劣质艺术品的许可。实际上，我要分配给你一个任务，就是从你的项目中至少拿出一个场景，并把它变得尽可能糟糕。我所说的坏艺术是这样的。忘记仔细的颜色选择，在设计和技术上违背你的直觉，把它们弄得一团乱。使雨水向上飘落，再附上结冰等效果，使草染上霓虹粉色。让自己开心，并承诺尝试许多事情，你最终会获得可能的、最怪异的场景。让自己尝试开发一个绝不会让任何人看到的创意，我保证你会学到很多。你甚至可能会决定将一些"坏主意"纳入最终的项目中。如果你这样做了，你可能会惊讶地发现，观众对这些坏主意的反应和对那些最好的主意的反应是一样的。

原因很简单：当你放松身心并不再担心人们会怎么想时，就会发挥最大的创意和创造力。当你发挥最大的创造力时，就会做出最出乎意料的创意决定。没有什么比创造性的决定更能增强故事了。这些时刻是故事中被人们称为惊讶和神奇的点。你不必阻止一些坏艺术的实验产生那些令人惊讶的神奇时刻。

图 乔丹·布鲁纳（Jordan Bruner），《巴蒂斯塔和费德里科》（*Battista and Federico*）

使用技能的边界

塞缪尔·贝克特（Samuel Beckett）创造了"更好地失败"这个词，我正在考虑把它做成一个文身。尝试改善你真的不太擅长的事物，而不是怀疑自己是否真的很烂，可能是实现艺术生活的秘诀。贝克特并不是不理智。他只是不希望你打开双臂，在没有降落伞的情况下飞行或跳伞。他说的是在你的专业知识范围内工作，且只是在使你感到不舒服的技能边缘地带。在一个自己要么缺乏经验，要么能力不足的地方，你会感到自己烂透了。那个让你感到不适的区域，那个你做得最烂的地方，就是你的天才创意出现的地方。因此，在你努力创造怪异科学时，请尝试越过当前的舒适范围。

有很多杰出的艺术家和导演之所以变得伟大，是因为他们有勇气诚实地认识到自己达到更高水平所需的技能。他们并没有到处尝试去做每件事情，相反，他们很系统地考虑自己的缺点，不顾尴尬和被视为欺诈的恐惧，并专注于扩展他们的技能。所以我想问：你的技能组合中还有哪些空白？ 你认为自己在哪些技能上需要投入更多的精力？

现在，想清楚并开始填补这些空白。你想学习拍摄和视频编辑来让影片时间更精确吗？ 需要重新学习角色动画吗？着迷但会害怕使用动作捕捉技术？花时间对它们（所有这些）进行实验。向可以为你讲解基本知识的朋友求助，拿出像孩子无所畏惧地学习一门新语言一样的心态，然后开始工作。警告：我不是要你精通清单上的内容，只是要你尝试一下，学会拥抱不适感而不是精通这些技能。在这个令人不安的过程中，你可能会找到发挥自己艺术才能的钥匙，甚至可能找到让自己"失败得更好"的秘诀。

个人实验天堂

到目前为止，你已经允许自己像吉米·亨德里克斯一样进行实验，制作糟糕的艺术，并学习新技能以扩大自己的技能组合。但是，不要把所有的魔力都交给老板！ 通常，无偿的个人项目会促进你发展自己的技能，使创意之火不断燃烧，如果你幸运的话，它甚至可以为你的事业带来更大的成就。

做你想做的工作

格雷格里·赫尔曼（Gregory Herman），一个多学科导演和设计师，曾参与《雷神：雷格纳鲁克》（*Thor: Ragnarok*）、《超凡蜘蛛侠》（*The Amazing Spider-Man*）和 HBO 的《西部世界》（*Westworld*）等大片的制作，也知道关于好莱坞特别项目的一些事情。当一个设计师或动画制作人因擅长做某事而出名时，客户就会专门跑来让他们做这些事情。一遍又一遍地参与相同类型的项目很容易。

对于赫尔曼来说，那件事是广播图形，他可以出色地合成它们，但对仅做这一件事情并不完全满意。他想花时间来扩展自己的技能，并从事各种启发他的项目。简而言之，他希望得到报酬去做使他兴奋的工作。

常识告诉赫尔曼，如果他的作品集上充满了广播图形，那么他最终将被雇佣去只做这个。因此，他做出了一个战略选择。他在自己的网站和作品集上并排展示了自己的广播图形作品和个人/实验作品。他给潜在雇主的信息很明确：赫尔曼是一个多面手的艺术家，不仅可以做多件事情，而且可以做得很好。

《微距研究 1-20》（*Macro Studies 1-20*，右图是 *v003a*）是赫尔曼着重展示个人作品的一个示例。《微距研究》的特色是黑暗的电影标题序列、悬疑的音轨，以及用微距镜头拍摄的日常物体的特写图像。这是赫尔曼想要做的工作：将看似平凡的东西（破碎的工具、昆虫、植物、汽车）转变成一个神秘而激动人心的世界，并讲述一个新的故事。

一段时间后，赫尔曼最终得到了制作电影标题序列的工作，就像他在自己的网站上呈现的内容一样。并不是说做图形的工作没有了，而是恰恰相反。现在，他可以同时做这两项工作，并且还可以在曾经做了一遍又一遍的工作和真正启发他的工作之间进行选择。这个项目的结果可以在他那令人惊叹的网站上查看。

个人项目以意想不到的方式带来回报

约翰·莫雷纳（John Morena）是一个忙碌的人。他曾担任委托项目的导演和动画师，负责的工作内容包括音乐视频、广告、网络促销和视觉效果。尽管约翰获得了商业上的成功，但他觉得自己在作为一名艺术家方面并没有获得

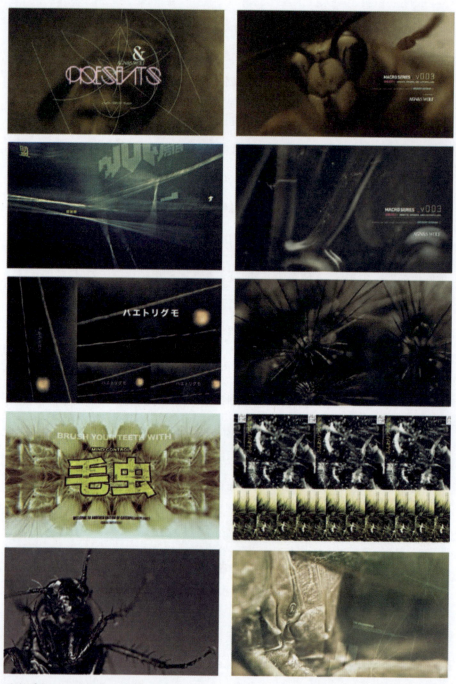

图 格雷格里·赫尔曼,导演,《微距研究 v003a》(Macro Studies v003a)

成长。他担心自己会变得自满,而且虽然一直做着能给他带来好的报酬的作品,但并没有给他带来挑战,因此他想出了一个疯狂的想法来颠覆自己的生活:每周制作一个实验动画短片,并持续整整一年。

"刚开始是想进行 52 次实验测试……在它们用作测试的地方来发现新技术,并让我的常规客户们知道。"但是随着莫雷纳开始尝试使用不熟悉的技术和故事结构进行实验,这项实验开始具有新的意义。而且他越扩展自己的技能(使用所有东西,从手电筒到宝丽来、声音拼贴,再到用左手绘画等),他的电影就变得越有趣。"它使我跳出自己的舒适圈进行工作。我不得不挑战自己,要一直前进,前进,前进。"

莫雷纳长达一年的"52 区"的实验带给他的回报超越了他所有的期望,不管是在创意、专业领域还是在个人成长方面。在这 52 部电影中,有 6 部在享有盛名的安纳西国际动画电影节上放映,10 部在阿尼玛·芒迪电影节上放映,3 部在广岛国际动画节上放映,5 部在渥太华国际动画节上放映。在完成"52 区"实验之后的一年,他的实验作品累积在 70 多个电影节上被提名!

莫雷纳从那一年的工作中学到了:"如果你的项目没有限制,那就制订一些限制。尽可能限制一切。制造挑战。这些限制就是魔术发生的地方。"

你的电影的实验列表

是时候拿出一张纸,着手将你的怪异科学理论应用于当前的项目了。在你的完整故事板的每个画面中,都存在可以从实验中受益的地方。绘制一张表格,左侧列出每个场景的编号,顶部列出一系列你想要在这些场景中进行实

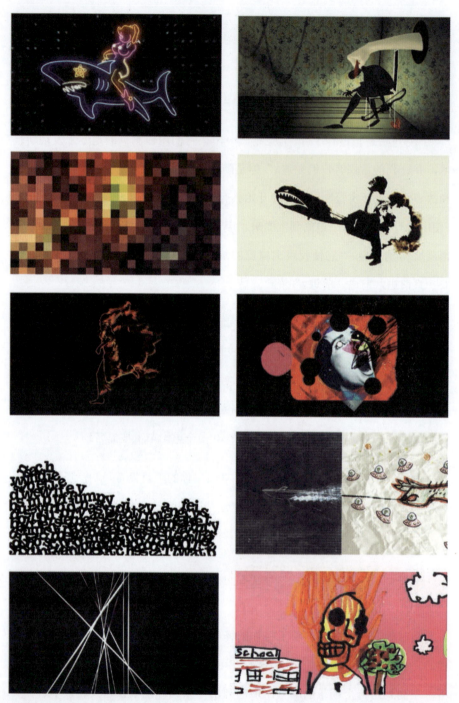

图 约翰·莫雷纳(John Morena),《52区》(AREA 52)剧照

验的地方。技术、设计、运动、过渡、信源和声音，这些都是你可以进行的实验方向，但是你应该添加自己的专栏以找出最适合自己电影的可以实验的方向。

现在你已经完成了这张表的制作，请思考整个项目可以如何从每个实验方向中受益。你可能会决定存在很多可能性，或者只有少数可能性。逐一浏览每个故事板，并考虑如何在每个场景中对表格顶部列出的每一个实验方向进行实验。如果你认为那里有值得探索的东西，那就尽你最大的努力，进行最狂野的尝试。我向你保证，会不虚此行。

为了获得灵感，请记住，有时最好的实验方法不是发明新的做事方式，而是要受到你以前见过的和喜欢的事物的影响。打开 Vimeo、Motionographer 或 YouTube，去发现一些你正在寻找的、希望你的项目会看起来与之类似的项目风格。仔细记录那些让你有感觉的元素，然后将它们加入你的实验列表中。

场景过渡，一个案例研究

你的实验列表最应该包含的是场景过渡。动画有在两帧之间发生最神奇的事情的能力。潘新平（Hsinping Pan）的电影《USOC 亨利·塞朱多》（*USOC Henry Cejudo*）展示了简单的设计选择是如何实现漂亮的动画过渡的，去掉所有笨拙的剪切。特别要注意的是，她是如何通过将摔跤舞台的背景变成他母亲的棕色眼睛，来完成从摔跤手到他崇拜的母亲的无缝的故事过渡的。我们不需要任何其他信息就可以在看到母亲的脸时知道她正在想念她的儿子。场景过渡本身成了故事。

图 潘新平,《USOC 亨利·塞朱多》

运动，一个案例研究

动画一词源自拉丁语"anima"，意为灵魂。如何为作品中的元素绘制动画会揭露出作品有怎样的灵魂，因此现在是时候在项目上撒一些艾瑞莎·富兰克林（Aretha Franklin）[①]了。你是否希望某些动作既流畅又优雅，或者古怪有趣、尖锐新颖？无论你选择哪种色调，使用哪种媒介，你都必须对关键人物、场景和镜头动作进行动画实验，以找出能让它们按你想要的方式进行移动的最适合你使用的工具。

如第 2 章所述，路易斯·莫顿（Louis Morton）的 *Passer Passer* 是实验性角色移动的杰作。他的动作研究（如下图所示）是坚持不懈进行大量实验的结果。

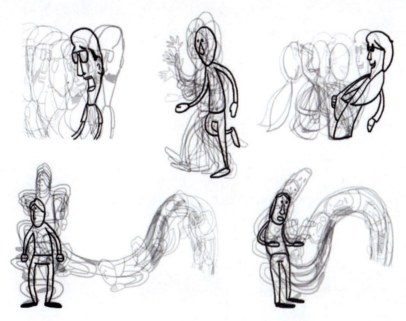

图 路易斯·莫顿，*Passer Passer*，角色移动研究

---

① 译者注：知名歌唱家，作品富有灵魂。

图 埃德·费尔南德斯（Ed Fernandez），*Yolked*

怪异科学回顾

1. 释放自己去做"坏艺术"。
2. 使用技能组合的边界。
3. 从事你想做的工作。
4. 不断去做你的个人项目。
5. 制作一个项目实验清单。
6. 实验过渡。
7. 实验运动。

图 塔拉·梅赛德斯·伍德,《曾经被隐藏的东西》

作业

用非数字资源进行实验

动画具有将观众带入一个完全虚构的世界的能力。但是对于某些内容,有时这些世界会让人感觉有些闷。你的观众可能会需要一些让他们可以回到现实的东西,而不必离开你为他们创造的世界。添加一些来自自然世界的非数字视觉元素和纹理可以使电影在视觉上更易于被接受,并为影片注入一种牢固的相关性。所以,让我们面对现实吧,离开计算机并与现实世界重新连接一分钟不会有什么坏处。

实验:开始一个新项目或探索一个已经在做的项目,通过模拟大自然的美来加强故事效果。收集来自现实世界的一些视觉元素,并将它们整合到动画电影中。拍摄视频,扫描纸张、纹理或织物,拍照。玩你的工具:摇动相机以捕捉奇怪的光线,扫描你的雀斑或柠檬皮,朝绿色屏幕上丢折纸。将"现实世界"的温暖和熟悉的事物带入数字环境可以使你想象的世界充满一种与自己更加相关的感觉,可以为你的故事注入全新的诠释。

左边的图像是塔拉·梅赛德斯·伍德(Tara Mercedes Wood)的电影《曾经被隐藏的东西》(*Things used to be hidden*)中的静止画面。塔拉将她的电影描述为"关于灾难后果的回忆,灾难造成了每个人都失去了感知过滤器。"她将自己的技术解释为"具有数字和纸质元素的2D动画,以及在手机上拍摄的真实视频片段"。

尽管伍德的电影纯属幻想,但实景镜头和触觉元素却使视觉效果有一种熟悉的感觉。作为观众,我本能地倾向于"相信"她的世界,因为我感知到有一部分内容是我自己的世界里也有的。手绘的2D、2D CGI和摄影元素的混合使我更接近她所建立的世界,以及她想讲述的故事。在影片中试一试这个方法,你可能也会收获类似的积极效果。

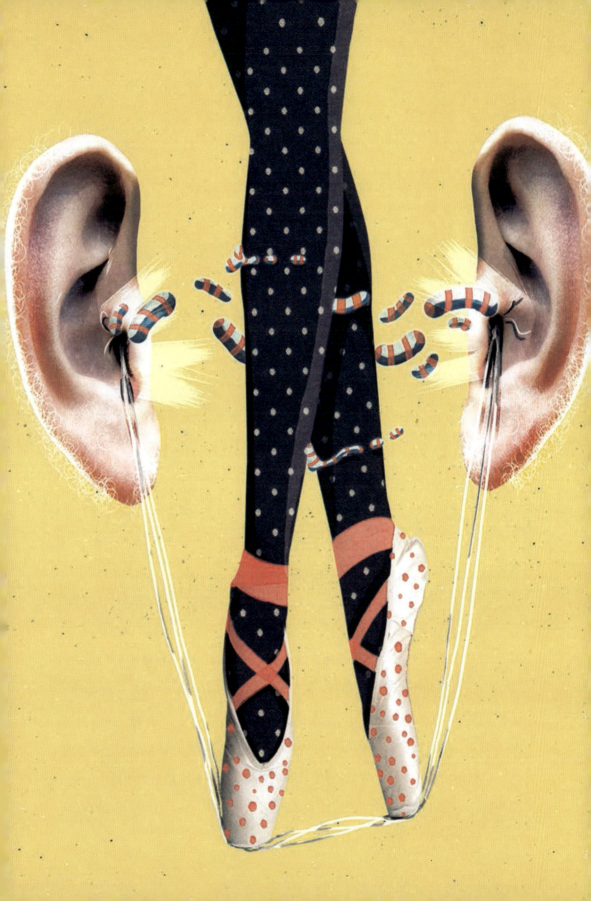

声音创意
让你的音频和故事同步

　　让我们从一个填空游戏开始。当你看到闪电时,你将很快听到_____的声音。当婴儿丢掉他的奶嘴时,赶紧堵住你的耳朵,因为_____要来了。Jay-Z 在布鲁克林登上舞台时,你会听到震耳欲聋的_____声音。声音的基本概念是,它会根据动作提供相应的反馈。所有声音都是物体振动的结果。因此,在制作动画电影时,声音应该是动作的结果,并从现有的故事中浮现出来。

但是，这种传统观念严重低估了声音的巨大力量，因为它不仅会影响当前的故事，而且会自行推动故事的发展。你只需要看一集《兔八哥》（Looney Tunes with Bugs Bunny），就可以见证声音不可磨灭的力量。兔八哥被燥山姆（Yosemite Sam）追赶到了一个黑熊洞中，屏幕完全变成了黑色。你听到了打架、殴打和呻吟的声音。然后在下一帧中，兔八哥从山洞里溜了出来，嘴里叼着胡萝卜，毫发无损，并且自鸣得意地咧着嘴——但是打架的声音仍然存在。作为观众的我们都知道，燥山姆仍然在那个山洞里，很可能是在与一头愤怒的熊打架，而且结局不会很好……

这是一个很好的例子，展示了如何只用声音来描绘一幅生动的动作画面，并在一块空白的屏幕上推动故事的前进。但这只是一个热身。来看下面这张图。

一个男人恐惧的脸庞——眼睛睁得像茶杯碟子一样大。让我们添加一些怪异的声音，如小提琴的尖叫声、沉重的脚步声、吱吱作响的门声和手枪扣上扳机的声音——显然一个凶手已经到达，距离死亡仅有几秒钟。还是这张图，如果加上柔和浪漫的音乐，年轻女士咯咯笑的声音和高跟鞋的脚步声，一个害羞的年轻女子说"你好，哈罗德，你戴上领结和穿着吊带的样子看起来太帅了"的声音。突然，我们的男主角一点都没有要被谋杀的痕迹，而是完全陷入了爱情之中。最后，将音轨更改为嗡嗡作响的闹钟声，远处飘来晨间交通的声音，以及一只狗在床边抱怨和摇尾巴的声音（它准备好进行早晨散步了）。突然之间，我们这个差点被谋杀、陷入爱恋的男主角已经跟这些事情完全没关系了，他只是睡过了头，上班要迟到了！

让声音带领故事

在制作过程中，添加声音可能是做完动画之后的想法。但是，等到动画已经在制作中（或制作之后）才确定音轨，就像是等到篮球比赛第四小节还剩下一分钟的时候把勒布朗·詹姆斯换上场一样。这就白白错过了机会！我挑战你不仅要在制作和设计时间线的同时就考虑好配乐，而且要用声音来引导故事，作为故事叙述的主要指南。你可能会对它如宙斯般强大的故事讲述能力感到惊讶（犹如伴随着雷声出现的闪电！），你的项目将以这种独特的、以耳朵为先的方式发光发热。

剧情声音和非剧情声音

屡获殊荣的 Imaginary Forces 创始人和著名的标题设计师方凯琳（Karin Fong）喜欢说，音乐和音效"完成了 80％ 的工作"。我不会承诺本章将帮助你完成 80％ 的项目，但是如果你遵循本章中列出的策略，我可以保证你的故事会因此而变得更加强大。

首先，我们需要弄清楚"剧情声音"和"非剧情声音"（读作 daya-jet-ic）的概念。简而言之，剧情声音来自屏幕上可见的东西（或屏幕外的动作暗示），并且来自物理世界：狗的吠声、吱吱作响的门、大多数对话（不在角色的脑海里）和你可以在场景中看到它们来源的音乐，例如，来自一位音乐家的演奏或一个收音机。

音效

剧情声音 VS 非剧情声音

剧情声音（字面）	非剧情声音（非字面）
可以看到声音的来源：在屏幕上或屏幕外的动作所暗示的声音，来自于电影的物理世界的声音。	声音来源不可见或与电影的叙事有关。
例如： 对话——演员在讲话 音效——门吱吱作响、电话铃响、风吹过 音乐——场景里演奏的或来自场景中的音效来源	例如： 旁白/配音 用作表达方式的音效 乐谱

被描述为非剧情的声音是指其来源既不显示在屏幕上也不隐含在动作中的声音：场景中的物体发出的不自然的音效（当角色意识到他们被欺骗了时，一个悲伤的长号发出"哇哇哇"的声音）、音乐（不是来自现场的音乐家或电台）以及角色脑海中发生的镜头外的旁白或对话。非剧情声音对于行为来说是超现实的，旨在丰富屏幕上正在发生的事情。

动画提供了许多使用剧情和非剧情声音的机会，并且还提供了许多可以相互融合的场合。例如，一个婴儿在大声哭泣。这些哭声是剧情声音，你可以看到婴儿并知道他们很不开心，甚至哭声越来越大，足以震碎一个玻璃杯。如果你用超现实的声音强调那个婴儿的哭声，使它变得更响亮，更凶猛，变成狮子的吼声或救护车的警笛声，会怎么样？现在，你已经丰富了故事；婴儿的哭声是如此响亮和凶猛，对周围的人来说听起来就像是一头狮子发出的，而你做的只是简单地将剧情声音转换为了非剧情声音。

下面我们将探讨动画和动态图形中声音的 3 个元素——音效、音乐和对话——在剧情声音和非剧情声音两种情况下。左侧的图表是为了提醒你在为电影创作配乐时可以选择怎样的声音：从完全自然的剧情声音（婴儿的哭声 / 乐队演奏 / 对话）到超现实的非剧情声音（从婴儿嘴里发出的狮子吼声 / 配乐 / 旁白和内心独白），以及介于两者之间的一切。动画这个媒介喜欢声音创作的灵活性，因此请充分利用！

音效

在你的项目中添加音效可能是一件大事。当一个角色晚上独自在树林里行走并感到害怕时,谁能忍住不加一声狼的吼叫？一个绝妙主意的出现没有"叮"的一声来做强调能算好吗？哪位剪辑人员不喜欢在一个喝完苏打水之后的场景上加上一个喝多之后打嗝的声音呢？在那么多美妙的可能性触手可及的情况下，克制是关键。的确，在你的电影中添加音效的第一步是列出要添加音效的位置，并将该列表砍掉（至少！）一半。尽管放置得当的音效可以改善你的故事，但过度使用它们会使电影受到收益递减规律的困扰。以大家喜欢的、经常在场景中用来强调戏剧性瞬间而添加的爵士鼓棒槌音效为例。为了提高戏剧性，两个懒汉之间的口头争吵可以添加这个音效，并且可能会在一段时间内取得很好的效果。但是，当其中一个人很生气以至于拔出一罐致命的盐瓶时会发生什么呢？添加另一个棒槌音效将失去其强调的效果，最后的效果可能是一声嘶哑的白噪音。注意不要过度使用音效，否则电影中致命的盐瓶会让观众打哈欠，而不是倒吸一口气。

但是，克制并不是使用音效的唯一规则。熟练的音效使用者必须以他们内在的诗人为指导：需要自律，也需要隐喻的技巧和对超现实主义的热爱。毕竟，音效不就是幻想世界的夸张表达吗？孩子们在街上玩耍的景象触动了一个脾气暴躁的老人，"冰山破裂"的声音可能代表了他冰冷的心被融化了。一个腐败的政治家在公众视野中作恶被当场捉住，那么警笛声和直升机盘旋的声音可以体现出无处可逃的感觉。

一个女人被丘比特的箭击中，鸣叫的鸟声最能代表她的浪漫心情——也许她的内心正在唱着 ABBA？ AC / DC？ 帕瓦罗蒂？无论采用哪种场景或采用哪种隐喻，当你想使用一个自然（剧情）声音时，请先在你诗人的灵魂中寻找一种超现实的声音，来体现你想要的表达。它可能会以一种更具表现力的方式来捕捉你所要达到的情感，并且你的听众也会欣赏这种诗意的影响。

> **关于影片音效的说明**
>
> 你可以通过免费或少量购买的方式访问大量的在线音效库,看上去有太多的选择。但我恳求你:不要依靠别人的声音来表达你的故事想法。你可以通过简单的麦克风来制作自己的声音,使其更符合你的期望。录制自己的影片音效可以使你创作出与脑海中听到的声音完全一致的音效,而不会满足于一个差不多匹配的声音。影片音效就是你的声音,那么,为什么要把项目中这么重要的部分交到其他人手中呢?

作为音效的音乐

你已经整理了音效清单,并为这些音效找到了完美的隐喻——实际上,你已经准备好接受普利策诗歌奖了。但是,在你发表获奖感言之前,请考虑一下某些音效是否可能根本不需要是"音效"。在某些情况下,音乐可能会更有效,尤其是从你为电影制作的配乐中提取的音乐(我们将在下面讨论)。使用源自音轨的音效的经典案例有:希区柯克(Hitchcock)的《心理》(*Psycho*)的淋浴场景中著名的尖叫小提琴;斯皮尔伯格(Spielberg)的《大白鲨》(*Jaws*)中巨型鲨鱼逼近时不祥的钢琴声;经典卡通《猫和老鼠》(*Tom and Jerry*)中,当老鼠以小步快速躲开猫时的短笛嬉戏声。从配乐中借用音效是一个很好的方法,因为它可以使你的效果感觉更自然,同时可以使你的整个音轨具有浑然一体的感觉——在为整部动画电影选择音效时,这并非一件容易的事。

音乐

我们都知道,经过深思熟虑的音乐对项目的成功至关重要。音乐比电影的其他任何方面都更能确定故事的情感基调,设定场景节奏并指引观众的旅程。

幸运的是，音乐具有延展性。你可以用自己的故事精心编排它，以至于听众几乎不会注意到它的存在。或者，你也可以将其放在前面和中间，以表达情绪的变化及作品的总体态度。如果没有艾萨克·海耶斯（Isaac Hayes）的时髦国歌，《杀戮战警》（*Shaft*）会是什么样的？如果没有柴可夫斯基（Tchaikovsky）的"巫师学徒"（Sorcerer's Apprentice），《幻想曲》（*Fantasia*）中跳舞的扫帚会是什么样的？如果没有伴随着他进入每个房间的不详音乐，达斯·维达（Darth Vader）会是谁？

因此，让我们开始建立一些工具来使用音乐增强动画项目中的故事。警告：使用这些工具，每当放映自己的电影时，可能都需要一支 10 个人的放克乐队来引爆主题曲……

根据"主题"选择音乐

回到本书的第 1 章，你确定了项目的主题和情感基调。现在，如果你可以选择一首表达该主题和情感的歌曲，听起来会是什么样的？一首胜利的摇滚曲？一曲寂寞的布鲁斯？还是混乱爵士乐？找到（或制作）这首曲子来奠定主题音乐的基础。此阶段被称为建立临时音轨。请注意，不要专注在无法获得版权的音乐上，也不要爱上一首每个人都已经与之建立情感联系的流行歌曲。这是你的艺术作品，你无须依靠滚石乐队的"满意度"来讲述自己的故事。这里的目的是建立你想要的感觉。使用该曲目作为指导，来发掘其他可以表达项目的各种场景中的情感所需的歌曲。如果你选择孤独的布鲁斯作为主题，那么当你的角色终于摆脱孤独时，你需要找到一曲快乐的吉他即兴演奏。接下来，寻找最能代表你的主要角色的曲目，以及故事情节中可能重复出现的情况。这些歌曲将帮助你定义你想实现的主题和基调，并且会激发你去创作或获取最终歌曲的版权。

考虑"沉默"的音乐

我不是在说完全消除音乐。当然,你应该总是问自己一个场景是否需要音乐,如果答案是否定的,那就不要音乐。在音乐方面,少即是多。但是,有一种音轨,可能所有观众都根本感觉不到它的存在,但它仍然可以为场景提供强大的情感推动力。氛围音乐,有时是配乐中的嗡嗡声或微妙的、有节奏的嗡嗡声,可以给场景增添观众可能不会察觉到的个性。使用这种安静的音乐的主要优势在于,可以让观众喘一口气。在这段时间内,他们可以自己体验故事,同时能丝毫不偏离你预期的方向。据说,良好的声音设计是无法检测到的[①],而沉默的音乐为你进行无缝整合音轨提供了绝佳的机会,同时可以提升故事的情感环境。

反着来

我见过最恐怖的电影场景也许是昆汀·塔伦蒂诺(Quentin Tarantino)的经典电影《落水狗》(*Reservoir Dogs*)。一名杀手将要砍掉他认为是警察线人的人的耳朵。这是一个残酷的暴力时刻,任何其他电影制片人都会使用一段可怕的配乐来匹配场景。但是,塔伦蒂诺以他的天才创意故意在场景中用了一段情绪相反的曲子来渲染这个动作。他让这位杀手调了广播,一曲 70 年代的怪诞流行歌曲《与你同在中间》(*Stuck in the Middle with You*)呼啸而出。这位杀手欢乐地围着他打算撕票的线人跟着节奏跳动,这使整个氛围变得更加令人不安。这种截然不同的音乐选择将观众放在一个不舒服的地方,并警告他们一些完全不正常的事情正在发生,因此请睁大眼睛。但是你要保证,像塔伦蒂诺一样,在信号到来时必须信守承诺,不辜负观众的期待。不过,你也不必为此烦恼……

---

① 译者注:良好的声音设计是很自然的,以至于人是感受不到的。

对话

是时候召唤故事大师罗伯特·麦基（Robert McKee）在他开创性的作品《故事》（*Story*）中所提到的小宝石了："编写电影对话的最佳建议是不要写。"作为一名动画师，你正在以世界上最灵巧的视觉艺术形式创作一个项目；如果你找不到在视觉上表达一个想法的方法，则说明你还没有足够努力。但是，如果你已经筋疲力尽，必须使用对话的话（老实说，我很不擅长写对话），那么这里有一些你可以采取的步骤来确保它是好的。

第一步是使对话的每一句台词与说这些话的角色的个性相匹配。每句台词都应着眼于进一步强化你赋予角色的特质，并为观众阐明这些特质。如果一个超级自我主义的巫师被问到她的职业，那么"我是一个巫师"这句台词似乎错失了一个表现的机会。试试"谷歌我"或"我已经将这个问题的答案缝到了你的裤子里面"怎么样？写完脚本后，当你遮住对话人的名字时，应该可以准确地知道哪个角色说的哪一行，因为只有他们才能说出非常"他们"的对话。

编写对话时的第二个考虑因素是使角色以尽可能自然的方式说话。在现实生活中，人们会打断自己，将话锋调转到奇怪的方向，经常使用俚语和错别字。一个人辛苦工作了一天后回到家里，很少会说"嗨，亲爱的，我回家了"。他的配偶（在现实世界中）也不会说"欢迎回家，亲爱的，我帮你脱下外套。"他更有可能踢开鞋子并大声叹一口气，苦涩地喃喃自语着晚点的火车。随后，他懊恼的配偶说："冰箱里有剩余的比萨。我们等不及了。哦，你妈妈又打电话来了。她说想来拜访。"

确保对话保持自然的一种可靠方法是沉迷于对话中的潜台词艺术，即具有暗示、微妙含义的文本。人们一直在使用它，如果使用得当，它可能会很有趣。而且更重要的是，有潜台词的对话可以迫使观众更加专注地跟着故事发展走。在一个嫉妒的外星人（Zork，佐克）与邻居竞争的场景中，你不希望他说："我的 X-5 太空巡洋舰比你的更大，更能给人留下深刻的印象！"最好是佐克靠在篱笆上，看着另一名外星人（Gaxx，加克斯）的小型车辆，笑着说"可爱的太空巡洋舰"。同样喜爱竞争的加克斯可能会回答："差一点就买了 X-5，但大家都知道，那是离婚的男子为了面子而购买的巡洋舰。"潜台词非常好用，容易使人感到耳目一新，并且会给观众带来有趣的游戏体验，使他们不得不弄清楚真正在说些什么。这是一种更具交互性的、巧妙的写作方式。

最后，使用对话来设置你的场景气氛。在紧张的时刻，人们倾向于用简短的句子说话。保镖会对几个暴徒说："出去，你们俩，现在。"在更轻松的时刻，人们倾向于以一种几乎是音乐化的方式说话，常常过于讲究细节。"我们整夜都在外面，你知道亨利，他说话如此大声，'这是我的生日，这是我的生日'，邻居们在墙上敲打，他一直在用肺大喊大叫，我们没人能阻止他，所以我只能屈服了。米奇笑得很厉害，都把生日蛋糕吐出来了！"

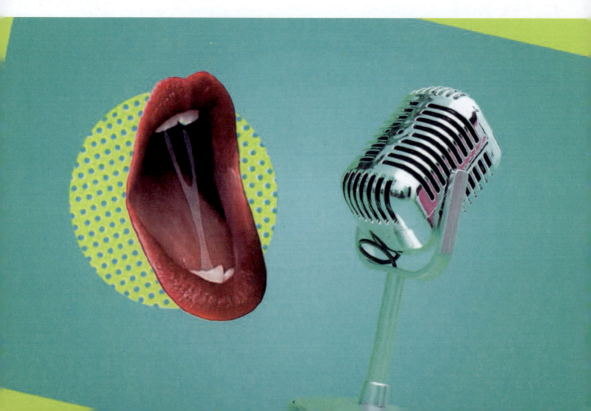

如果你要撰写内心独白的话，这些准则同样重要。角色大脑的内部也是一个角色，它需要具备角色所有的个性特征。

动态图形的叙述/配音

在基于角色的动画中，你可以选择是否在制作动画之前就锁定声音脚本，而在动态图形中，客户端通常需要你来满足一个特定的 TRT（Total Running Time，总运行时间），因此你没有选择：你必须在动画开始之前锁定脚本并放好音频。因此，编写动态图形脚本时，最好做到简单明了。你的脚本必须足够简单，以至于没有任何产生误解的余地，并且要简短（因为时间限制），以至于除了一些绝对必要的、用来说明你的观点的词，不应该存在任何其他的词。

这听起来可能比较容易，但是还有一个额外的动作要做：在编写书面信息时，必须同时概念化你认为最适合台词的画面和序列。这种脑海中的故事板是使你写的叙事在最终的作品中发挥作用的关键，所以要写简短，写清楚，也要写得可视化一些。

编写完最终锁定的草稿后，应该对其进行多次执行和编辑，以了解需要花费的时间及作品的自然节奏。你可能会发现它需要放慢速度，或者需要进行修改和删除，来使时间保持在允许的范围内。对其进行的测试还将提供有关在哪里可以让音效和音乐自然呈现的线索。

一旦你的剧本被录制了（像熊的陷阱一样紧凑，像最蔚蓝的天空一样干净），接下来就需要决定在叙事之前、之间和之后应该播放什么样的音乐了。通过本章的"音乐"部分，你已经知道了音乐对于音调和节奏的重要性，并且

声音创意　145

音乐应该辅助叙述者的声音，而不是与之抗衡。在最近一次的 Motionographer F5 会议上，导演兼设计师帕特里克·克莱尔（Patrick Clair）这样描述信息动态图形："声音的节奏驱动故事的发展，类型位于中心，而设计则是一勺帮助吞下药物的糖浆……"

预备，准备，开始

最后，是时候进行设计和动画制作了。通过设计动画来支持你的脚本有无限种方法。问问自己，可以如何使用排版、图标、字符、照片和视频等方法来最好地讲述你的故事。TED-Ed 已经通过这种方式制作了 12 万多部精美的、有趣的，具有教育意义的动画短片。下一页中的 TED-Ed 动画课展示了保持画面的干净和简单对于支持科学性的内容有多重要。与往常一样，你的大创意和想传递的信息将决定你选择的媒体及其外观。如果你想要获取更多的灵感，请访问 TED-Ed 官方网站[①] 在线查看。

关于计时，最后再说一句

正如他们在喜剧中所说的："时间就是一切"，在动画中也是如此。对于你刚刚学到的所有内容（无论是关于音效、音乐还是对话的），如果你没有控制好时间，一切就都不会起作用。你很快就会了解到，将音效或音乐提示提前和滞后几帧放置之间的区别可能是一种是令人满足的声音，而另一种是转移或干扰了你所要追求的音效。对于每个音乐提示、音效或对话，请仔细考虑它们的

---

① ed.ted.com.

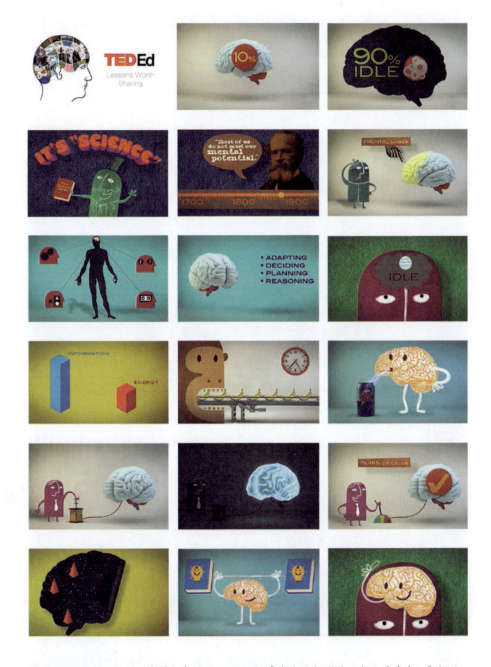

图 Richard E. Cytowic，值得分享的 TED-Ed 课，《你使用大脑的百分比是多少？》(*What percent of your brain do you use？*)

放置位置是否能最大程度地激发情感。通常，往一个方向或另一个方向上轻推一下就可以给大脑提供那股涌动的美丽的多巴胺，这意味着你确实很好地利用了声音！

声音创意回顾

1. 让声音来带领故事。
2. 剧情声音和非剧情声音。
3. 音效。
4. 作为音效的音乐。
5. 音乐。
6. 对话。
7. 叙述/旁白。
8. 时间就是一切。

作业

用声音做实验

从你的一个故事序列中选择一个重要的时刻，或者下载一个场景。为故事板添加细节，然后将每一帧导入一个视频编辑程序。尝试至少 5 种不同的音乐提示，来强调故事节奏中独特的情感基调。别忘了尝试用令人意外的音乐来给故事加分。现在对音效进行相同的处理，寻找使场景中某些时刻与观众产生共鸣的不同方法。接下来，考虑每个音乐提示如何与场景配合使用。在之后的页面上，记下你的回答，用批判的眼光评价哪些是有用的，哪些是无用的。

音效分析

什么有用?　　　　　什么没用?

1 音效名：

2 音效名：

3 音效名：

4 音效名：

5 音效名：

结论：

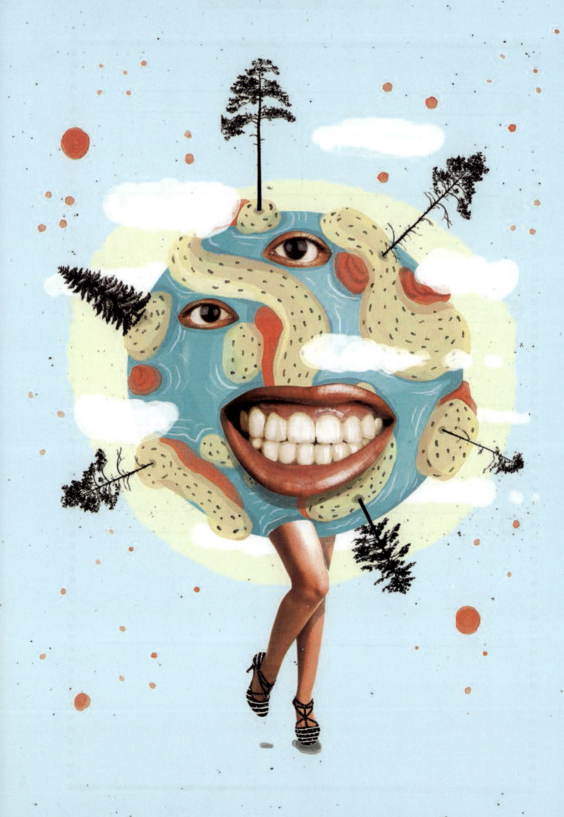

设计梦境

世界建设与环境设计

"进行世界建设需要对这个世界的各个方面都有足够深刻的了解,以使故事几乎毫不费力地从这个世界架设的根基中涌出。"

——亚历克斯·麦克道威尔(Alex McDowell),叙事和生产设计师,《少数派报告》(*Minority Report*)、《搏击俱乐部》(*Fight Club*)等

即兴喜剧有一个黄金法则,可以用我们在第 1 章中讨论的两个简单的词来

概括:"是的,然后……"这意味着无论一个参与者将多么荒谬的想法引入一个喜剧场景,其他人都必须接受它为事实,甚至扩大其真实性。因此,如果一个狂躁的即兴演奏者指着天空说:"看,一个巨大的胡萝卜!"舞台上的其他玩家必须立即做出反应。这巨大的胡萝卜在被引入的那一刻就存在于这个世界上,除非有人引入关于重力作用的不同想法,否则天空中的这个巨大的胡萝卜很可能正在朝着他们向下倾斜。如果玩家没有跳开,就会被压垮。如果被压垮,幸存的玩家可能会低头看着死去的朋友并哀悼;或者因为担心另一个巨大的胡萝卜正在掉落而逃跑;又或者感到了饥饿,并决定吃一份美味的胡萝卜小吃。

"是的,然后……"规则在世界建设中尤为重要。动画使你可以创造任何你想要的疯狂和混乱(包括巨大的、正在掉落的胡萝卜),而且正如你在前几章中所看到的那样,这只是这个媒介的魔法的一部分。观众将渴望探索你想创造的任何奇怪的新环境。但是,一旦你介绍了自己的世界(及其所有奇怪的规则),就必须完全投入于这个世界,否则就有可能永远失去观众。如果你的人类角色在独眼巨人的世界中丢失了自己的眼镜怎么办?你要确保她很难找到一副新的,因为这里的配镜师只卖单片眼镜。创造了一个完全颠倒的环境是怎样的呢?睡觉的蝙蝠应该直立着。一个家庭住在棉花糖做的屋子里是怎样的呢?他们在去厨房的路上的步伐应该会有些许反弹。

犯下违反世界通俗逻辑的罪行意味着"连续性问题",这是使故事失去可信度的最快方法。屡获殊荣的电影制片人和教育家布鲁克·基斯林(Brooke Keesling)说:"连续性问题是在动画中创建新环境的主要陷阱,因此艺术家必须格外小心,以遵守自己制订的规则。在重大的故事时刻,这一点尤为重要——故事必须符合你设定的规则。"

图 张杰(Jake Zhang),USB 的世界构建

图 豪尔赫·古铁雷斯,《生命之书》

观众会跟随你丢给他们的任何规则,而且会很认真地对待,只要他们觉得你在做的事情是连续的。但是一次不小心,一次小小的不连续……就会使这种关系结束;你的观众将失去兴趣,并感到迷茫。因此,当巨大的胡萝卜正在坠落时,请跳起来!

但首先(再次):受到影响!

在我们开始讲述如何设计新世界的规则之前,我想提醒你通过接受影响来激发灵感的重要性。豪尔赫·古铁雷斯(Jorge R. Gutierrez)是我最喜欢的一部小说的作者兼导演,《生命之书》(The Book of Life,2014)创造了如此宏伟而独特的世界,似乎完全没有受到任何事物的影响。但古铁雷斯自豪地指出,《生命之书》中的世界构建是受两个不同的神话和他有史以来最喜欢的一部电

影《圣诞节前的噩梦》（*Nightmare Before Christmas*）所启发的："对我来说，这是那种环境就是角色的电影……环境与角色有一样的格调。 从一开始，这就是《生命之书》的任务：我希望能够将所有的角色从电影中带出来，而这个世界本身就是一个角色。"有了这个简单的任务，古铁雷斯就专注于研究他最喜欢的两个神话故事：墨西哥的亡灵节和古希腊的奥菲斯故事（他还研究了哈迪斯的冥界）。古铁雷斯设计的主要角色是一位演奏吉他的斗牛士，名为马诺洛（Manolo）。 他为了赢得心爱的玛丽亚的心，必须从生存之地（1900 年代初期在墨西哥的一个村庄）去到被纪念的土地（一种天堂，里面是那些还被家人惦念的人）和被遗忘的土地（一种地狱，里面是那些已经被家人遗忘的人）。马诺洛进入的每个世界都充满了古铁雷斯受到启发的墨西哥和希腊神话中的符号，其结果令人着迷。

因此，就像古铁雷斯一样，你可以从最喜欢的故事中汲取想法和灵感。重看旧电影，重读一本最喜欢的书的片段，探索一个曾经激发你的想像力并带给你感动的神话故事。给自己列一个清单，里面写上至今为止这些故事中有关世界的每一个令你感到兴奋的事物，并思考这些特征（如角色特征）可以如何帮助故事发展。

有趣的（和鼓舞人心的）事实：《生命之书》实际上诞生于古铁雷斯在加州艺术学院（CalArts）所做的实验动画论文电影《卡梅洛》（*Carmelo*）！请在 Vimeo 上观看《卡梅洛》。在它成为一部有吉列尔莫·德尔·托罗（Guillermo del Toro）这样的世界构建大师参与的、有几百万美元预算的电影之前，这是一个向独立电影制片人的原始视觉表达惊叹的机会！

设计规则

那么，如何创造一个有趣、一致且可信的动画世界呢？即使你将逻辑颠倒了，也要使它看起来真实，那么最好的方法是什么呢？

首先，确定时间和地点，然后定义那里存在的物理、社交和视觉规律。这些"规律"将为你设想的所有遥远和混乱的世界提供一致的基础，并有助于使你的世界具有可靠和真实的感觉。

世界的时间和地点

动画环境的范围可以从现实世界到现实与幻想的混合世界，再到全面幻想世界。无论你选择哪种方向，都需要使观众清楚地了解时间和地点。

在考虑时间时，请问问自己，是过去、现在还是将来（以及每个时代的独特技术和特征）最适合你的故事？例如，如果你讲的是一只孤独的小狗试图吸

建造

科幻世界

回答这些问题可以帮助你建立新世界的规则和逻辑。

时间和地点

你的世界处于哪个时间,地点在哪里?在水下?在太空?在一个全新发明的地方?这个世界发生在过去、现在还是将来?

自然秩序

这个世界的物理规则是什么?有重力吗?生存的必需条件是什么?所有的空气都是可以安全呼吸的吗?

社会秩序

这个世界的社会规则是什么?有法律吗?有政法吗?谁有权利?社会价值观和信仰是什么?

每天的生活

在你的新世界里,每天的日常生活是什么样子的?你的角色在哪里生活、工作、吃饭、玩耍、上学?

家庭和社区
他们的家庭结构看上去是什么样子的?有其他的社区、其他的物种吗?

科技

你的世界里使用的是什么科技?如何运输?如何沟通?

最后,什么样有趣的冲突可以从你创造的这些规则和环境中诞生呢?

引一个好家庭的注意来抚养她的故事，那么将故事放置在一个每个人都戴着护目镜耳机（使小狗真的很难被看见）的未来世界中，可能会有助于增强悬念。如果讲述的是一个孩子喜欢精致的美食和法国诗歌文化的故事，那么可以将它置于尼安德特人的时代，在这里除了狩猎和聚会其他一切都被禁止了。时间方面的细节可以帮助提升故事的主要冲突并增加吸引力。因此，你要选择一个可以为角色提供所需障碍的时代，并使其适应该时代背景下的自然冲突。

当考虑地点时，请遵循与时间类似的规则。故事的背景应该为角色达成目标提供许多障碍。如果讲述的是一个笨拙的小太空生物单纯地渴望摆脱麻烦的故事，那么可以让他在他父母珍贵的星际古董店里工作！如果故事的主角只是渴望平静的生活，那么可以确保他们生活在纽约的时代广场，这里嘈杂的交通和令人讨厌的广告牌昼夜不停地影响他。找到可以为你的角色带来最自然障碍的地方，让他们尝试跨过障碍，得到想要的东西。障碍越大，克服障碍的旅程就越有趣，越有戏剧性！

创建故事梦境时，首要决定的就应该是时间和地点。请做好这个选择。这些决定为你要建立的世界提供了支撑，在此之上你可以创建重要的物理、社交和视觉规则。

世界的物理秩序

在地球上，某些不可争辩的物理定律已成为我们日常生活的一部分，因此我们将其视为理所当然。从同一高度掉落时，一块砖头和一个便士将同时到达地面；一壶水将在华氏212度沸腾；太阳将永远从东方升起；等等。我鼓励你研究这些物理定律——它们不仅可以帮助你了解事物在我们环境中的工作原理，而且还可以为你提供参考，在你需要的时候使你可以直接将地球的物理定

图 斯特林·希（Sterling Sheehy），《龙》(*Dragon*) 的概念艺术

律运用到故事中。是的，在这个无聊的星球上，水在华氏32度结冰，但是如果你的世界存在于神秘野兽的毛囊之间，会怎么样呢？或者漂浮在遥远的星系中；又或者卡在一个金枪鱼三明治的面包之间，而这个三明治正在被一个巨大的神享用？在这些情境下，你会让水在什么温度下结冰呢？而且（同样重要），这是否值得你去改变该物理定律呢？该问题的答案取决于建立新的物理定律是否会增强或削弱你的故事。简而言之，不要因为看起来很酷就这样做。这么做是因为这对讲述你的故事是有意义的。

布鲁克·基斯林（Brooke Keesling）曾警告说："请注意不要过度描述环境，或使它过度繁忙，除非这些描述有助于故事的发展。有时环境是明星，或者和关键人物一样重要，但有时只会分散观众的注意力。有时，即使是最令人惊讶的创新环境也有可能破坏一个故事，如果它们与主要角色竞争并使故事的关键思想发散了的话。"

图 科迪·沃尔泽尔（Cody Walzel），《面包头》（*Breadheads*）的概念艺术

世界的社会秩序

在地球上，大多数时候是一堆男人（有时是一堆女人）聚在一起制订文明社会应遵循的规则。许多规则都基于宗教价值观，旨在帮助富人而不是穷人（……当然，这只是一个动画师的意见）。所以，为什么不为你的世界创建一套新的社会法律和规范呢？只要有助于故事的讲述，为什么不改变一些固定观念呢？也许婴儿们会拥有所有的政治权力；也许所有的罪犯都必须烘烤巨型纸杯蛋糕，而不是坐牢；学校放假了，孩子们只能在休息的间隙跑进学校兴奋地学习数学；狗在出门工作之前需要先聆听主人的讲话。

就像研究地球的物理法则一样，我也鼓励你深入研究世界历史——世界各地都存在着一系列令人折服的社会规范，它们可能会为你创造世界提供灵感。除了那些你想保留的社会规范，你的创意是没有限制的！使居民的生活变得更好或更糟，甚至变得陌生，并利用这些新的社会规范来改善故事吧。

世界的视觉秩序

如前几章所述,动画故事的成功很大程度上取决于视觉世界所设定的基调。空间、线条、形状、颜色、对比度和纹理都是你可以创造规律的视觉方向,以此来增强叙事并使你的故事与他人的区分开。

如果想创建一个由邪恶警察管理的未来世界,你可能会决定使用低饱和度的颜色,限制使用任何有机形式,并主要使用坚硬的边缘和几何形状来渲染军事控制的环境。

如果想讲述一个神秘的侦探故事,那么可以使调色板仅有黑色、白色和灰色,以及当发现线索时才会出现的少量颜色。也许侦探办公室中的画面仅由直角组成,以表明侦探处于控制之中。而在出外勤的时候,镜头仅由对角线组成,以表明他已经失去了控制权。在设计环境时,做出一致而明智的视觉选择将增强你的故事。因此,可以列出一个基本规则的清单并坚持实现这些愿景。观众将会欣赏这种新鲜的做法,甚至可能会赞美这种独特的风格。你可以告诉他们你是从鲍德莱尔(Baudelaire)的诗歌中获得的灵感,而不是因为将视觉定律清单贴在了计算机上。一切由你决定!

环视四周! 我们的世界充满灵感

如果你需要更多可以帮助自己创造世界独特秩序的灵感,那就不要错过我们这个超奇怪的自然世界。你知道章鱼有3个心脏吗?你知道有一种叫作红顶鹦鹉的鸟,它的交配仪式包括需要雄性在被雌性接受之前必须跳一段倒着走的舞蹈(很像月球漫步那种)吗?雌螳螂通常在交配后就开始生食雄性! 当涉及社会、物理和视觉规范时,我们生活的世界其实是非常奇怪的。因此,无论

图 斯特林·希(Sterling Sheehy),概念艺术

你的角色是人类、动物还是完全想象出来的生物,研究我们这个疯狂的世界可以为你提供正在寻找的狂野灵感,使你的世界变得超凡脱俗。

关于动态图形和品牌

由于大多数动态图形会使用独特的品牌产品、标识或徽标来代替易于识别的人类或动物角色,因此制订独特的视觉定律来吸引观众的注意力就变得尤为重要。毕竟,品牌是天然的、有生命的实体,无论它们是产品还是服务。在研究了要推广的品牌的核心价值后,你就需要开始围绕它设计一个世界。

图 乔丹·布鲁纳(Jordan Bruner),《鸟人》(*Birdmen*)

金·杜兰尼（Kim Dulaney）为 OFFF 国际后数字创意文化节（OFFF International Festival for the Post-Digital Creation Culture）设计的获奖标题序列（下一页）展现了一个丰富而优雅的世界，围绕着一个非常有趣的品牌和一些发人深省的想法展开。OFFF 这个品牌旨在举办会议和研讨会，探讨技术与人类创造力的融合。杜兰尼解释说："这个动画的概念是在自然与机器之间及自然界中象征力量的生命形式之间找到平衡。"该影片展示了一些看起来很自然的混血动物，但仔细观察后你会发现它们的内部是由一团彩色的电线组成的。最后，观众已经无法辨别是动物还是机器，是自然的还是合成的。但是，所有这些事物都被美感包裹着，而这只能来自艺术家的笔触。这个标题序列表达了 OFFF 组织的价值观和想法，所有这些都是因为杜兰尼致力于将世界建设作为其设计的核心而产生的。

图金·杜兰尼（Kim Dulaney），首席艺术总监、设计师和插画家。OFFF 在线 Flash 电影节的标题。由杰夫·史蒂文斯（Jeff Stevens）做创意指导，The Mill 制作

设计梦境回顾

1. 接受影响。
2. 设计一致的规则。
3. 定义时间和地点。
4. 思考物理规则。
5. 思考社会规则。
6. 思考视觉规则。
7. 激发我们有关疯狂的世界的灵感。
8. 动态图形——探索品牌价值。
9. 运动图形——建立视觉规则。

作业

设计并测试你的新世界

遵循"虚拟世界构建"图表（出现在本章前面）中列出的项目，建立虚拟世界的规则。设计好世界后，我鼓励你设置一些冲突，来对你的世界规则进行一次压力测试。

释放一个飞行的婴儿或一只巨型蜘蛛；让每个人都成为亿万富翁；把射击泡泡糖的枪扔进一个疯人院，让每个人都被一堆口香糖覆盖着！投掷几个曲线球来测试自己创造的规则。如果在测试之后这些规则仍然有效，那就没问题了！

注意：当你在建立自己的世界规则时，可能需要画一些草图。在这里，讲故事、编写脚本和设计应该可以无缝地结合在一起。由于物理世界的魔力和规则通常来自有趣的冲突，因此你可能需要在设计和写作之间来回移动，以使你的世界感觉起来是正确的。

技术

使风格和故事结合

我们终于到了制作动画前的最后一站！随着你的"宝宝"即将出生，我敢打赌你几乎已经可以感觉到这些像素正在舞动。我本人非常不愿意让这辆行驶的火车减速，但我有责任在这里问最后一个问题，希望你仔细考虑一下：你是否已经选择好了用来讲述故事的最好的动画技术？

我知道，你喜欢 3D；你是使用 After Effects 的天才（并且获得了很多足以证明这一点的奖项）；你的手绘动画无与伦比；等等。要想偏离你最擅长的技术可能很难，并且你会很容易说服自己：你最擅长的技术是讲故事的唯一方法。当提到要动画师们使用自己不知道的技术来讲故事时，他们通常会变得特别具有防御性。"在做完所有这些工作后，你要我学**什么**？！"

这并不完全是我要问的。我只是不想让你因为不了解某些愚蠢的计算机软件而忽略了一个有关视觉叙事关键元素的重要决定。选择一个正确的动画技术可能是表达你的大创意的关键，并且可以放大故事的灵魂。如果该技术被创造性地使用，也许还可以使你的项目与其他项目区分开来。

我首先要承认，有许多成功的动画师和讲故事的人通过自己的职业生涯来掌握一门技术，并用它来表达自己。但是，他们成功的原因之一是他们选择了讲述最适合该特定技术的故事类型。设想一下，如果没有缩减的 2D 动态图形的话，苹果的 iPod 广告（2000 年代早中期）会是什么样的？如果没有迷人的定格动画，Chipotle 的电影广告《回到起初》（*Back to the Start*，2011）会是什么样的？如果没有精美渲染的 3D CGI，《稻草人》（*Scarecrow*，2013）和《爱情故事》（*A Love Story*，2016）会是什么样的？甚至你可以想象宫崎骏的大师级电影用不同于手绘的技巧表达出来会是怎样的。

我在这里真正建议的是，你应该花点时间考虑一下首选的技术是否真的适合你的故事。成功的导演会为在他们的每个项目中应该使用哪种技术感到困惑，你也应该如此。如果选择了错误的技术，你的电影可能感觉起来像是用方形的轮胎在开车；而如果选择了正确的技术，就仿佛是在顺着高速公路滑行。

寻找完美的匹配

在本章的后面,我们将探讨如何调节你最喜欢的动画技术来捕捉最适合你的故事的技术的本质。但是现在,让我们通过重新探索你的故事,以及看一看大家如今是如何看待内容的,来解决这个大问题。

考虑格式

选择动画技术时首先要考虑的是人们将如何观看动画。这曾经是很简单的——电影是在电影院里观看的,广告是在电视上观看的。但是,众所周知,技术瞬息万变,因此放映的屏幕大小成为至关重要的考虑因素。当然,越来越多的内容正在一块小的计算机屏幕、平板电脑、手机甚至是手表上被观看。你应该做好了你的大屏幕杰作有可能被放在一个智能手机上欣赏的准备,因此你最好选择一种可以在该格式上清晰显示的技术。

同时,某些格式正在变得越来越大。 电影节和广告商正将视频映射到建筑物的侧面,屏幕开始覆盖到城市各处的广告牌和建筑群上,从拉斯维加斯到北京,购物中心上开始突然出现高达 1500 英尺的"空中屏幕"。在这些超大尺寸的格式上,你将能看到更多的纹理和细节,因此你的技术最好能经受得住放大镜的作用。

最后,你必须选择适合你认为的大多数人会观看你作品的格式的技术。选择不好可能会冒着让观众错过故事的重要内容,甚至发现作品中的缺陷的风险。请注意格式,因为你的项目将按照你预期的方式被观看:作为你辛勤工作和才华的展示。

> **请注意**
>
> 对于较小的格式，使用具有较高对比度的"矢量"图形和 2D 动画看起来会比较好。它们干净整洁，非常适合传达信息。对于超大格式，你可以从多种技术中进行选择。但请记住，你的设计将会被成倍地扩大（睫毛最终可能会有好几层高）。因此，请使用大量的细节和纹理来使整个屏幕空间看起来是有趣的。

翻译你的故事

为你的影片选择动画技术时，最重要的考虑因素就是故事。你想找到触及故事隐喻核心的工具，同时忠实于影片的信息和基调。你可能想回到自己的创意简介（请参阅第 1 章中的内容）来提醒自己：当故事都被讲完后，你希望观众如何描述你的项目。例如，如果你想要做一个有点滑稽风格的喜剧，那么你会希望选择一种具有讽刺意味的技术。2D 定格动画及其数字后期工具 After Effects 可以很好地用于另类喜剧。这两种工具都能够用于剪裁动画的古怪 DIY 外观（请参阅特里·吉列姆（Terrry Gilliam）在《蒙提·派森的飞行马戏团》中所做的工作）。如果你正在做喜剧或滑稽片，则可能要避免使用喜怒无常或过于自然主义的技术，例如手绘或 3D CGI（计算机生成的图像）。

具有标志性的《广告狂人》(*Mad Men*，2007）开幕片头采用了多种技术，很好地将其基调及相关信息结合起来。创作者想要表达纽约市复杂又荒凉的广告世界，既迷人又与世隔绝。他们通过使用一个正在掉落的人的 2D 平面轮廓，创造了一种不祥的黑色情绪。坠落的人出现在被 20 世纪 60 年代完美的塑料广告照片覆盖的闪亮建筑物上，捕捉了唐·德雷珀（Don Draper）世界的两面：

理想化的外表与情感上的绝望。该设计简约、稀疏，细节很少，因此可以使眼睛聚焦于坠落的人。当然，如果他们使用手绘技术的话，那么该序列将会显得与现实相去甚远；而如果仅使用 3D CGI 技术的话，那么该世界就显得太精巧了。创作者选择了适合他们故事的好技术，你也可以。

> **请注意**
>
> 如果你处于"必须"使用某种特定技术的情况下，那么调整所选技术以最好地适应你所讲的故事就是在紧要关头做出的最明智的选择。换句话说，我鼓励你首先深入考虑哪种技术实际上是讲述该故事的最佳方法。然后，在你已经选择的技术中模仿其"理想"技术的设计和运动特性时，尝试模拟该技术的特性。

动画/动态图形

技术 + 样式

以下是一系列你可以考虑的项目技术和样式，以及其可以如何增强你的故事叙述的描述。你可以选择多个选项，因为将他们组合在一起（如在《广告狂人》中的运用）可能是最佳选择。

手绘

手绘动画可以使用多种材料（如铅笔、油漆、墨水和木炭），其样式经历了从迪士尼的传统赛璐珞动画到转播（跟踪真人表演），再到我们在许多电影节上看到的更厚重、浓郁的处理方式的变化。这些刻意宽松的手绘风格经常出现在独立电影中（请参见唐·赫兹费尔特（Don Hertzfeldt）、弗雷德里克·贝克（Frédéric Back）和茱莉亚·波特（Julia Pott）的电影），用于表达更具表现力、情感驱动的故事。经典的赛璐珞动画因其整洁及通常具有商业感而倍受喜爱，特别适合电视节目和儿童娱乐。

定格动画

定格动画具有 2D 和 3D 版本，其技术相似，但拍摄方式不同。两者均由相机捕获，逐帧拍摄，对象在帧之间逐渐移动。有限的运动使定格动画具有古怪而神奇的质感，到今天仍然非常流行，尽管有更先进的技术出现。

2D 定格动画是通过将摄像机固定在平坦表面上来逐帧进行拍摄的（灯箱通常用于沙子、油、油漆或纸张轮廓）。这种技术为电影添加了一种平整、手工的质感，具有情感表达力和很高的延展性。使用剪纸的 2D 动画给人一种古怪和喜剧的感觉（同样，请参阅特里·吉列姆（Terry Gilliam）的《蒙提·派森的飞行马戏团》），但又可以像梦一样优雅和梦幻（请参阅乐天·莱尼格（Lotte Reiniger）的剪影木偶作品）。用沙子或油漆创作的 2D 定格动画通常郁郁葱葱、喜怒无常且充满氛围（请参见卡罗琳·叶（Caroline Leaf）的《街道》（*The Street*））。2D 定格动画技术倾向于具有很多个性。如果你希望影片具有一种平整的手工质感，那么这种技术效果很好。

3D 定格动画是使用三脚架逐帧拍摄的，用于在"场景"上拍摄物体。你可以使用此技术为各种各样的对象制作动画，包括人偶、模型、黏土、找到的材料及人偶的像素化。3D 定格动画可以像 CGI 一样自然（请参阅莱卡（Laika）

的电影，例如亨利·塞利克（Henry Selick）的《卡罗兰》（*Coraline*）），但根据所使用的材料，它也可以保持特别的手工质感。当你在 3D 定格动画中使用"已发现的对象"时，它们会具有一种特别的诗意，并且往往具有幽默或隐喻的效果（请参阅 Jan Švankmajer 和 PES 的作品）。

请注意：2D 和 3D 定格动画的原理和实践可以自然地转化为 2D 和 3D CGI 环境中的原理和实践。当你使用相同的工具和概念时，就可以基于他们的数字化对等物实现相似的感觉。

2D CGI

2D CGI 是指在平面或二维软件环境中创建的动画。根据设计方向的不同，此技术的范围可以从平面和超干净的风格到建模和高度纹理化的风格。许多人之所以选择 2D CGI，是因为它具有可扩展性并且可以很好地阅读文字，这就是大多数广播图形（打印、网页和电视）都使用 2D CGI 动画制作的原因。对于叙事电影而言，2D CGI 往往比 3D 更加温暖和纯真，并且其在儿童节目中的长久使用使其具有一种情感上"相关"的感觉。2D CGI 可以在使用位图和矢量图像的许多软件程序中被制作出来。雷卡·布西（Réka Bucsi）的实验电影《第 42 号交响曲》（*Symphony No. 42*，2013）是一个用于减轻沉重主题氛围的 2D CGI 的好例子。可以研究一下这部作品来获得灵感。

3D CGI

3D CGI 是在三维软件环境中制作的动画。元素的建模、绑定、贴图、动作和动画处理都在虚拟空间中完成。该过程类似于定格动画，主要区别在于 3D CGI 中没有重力，并且几乎没有限制。因为有很多选择，所以它也许是最

技术 + 风格

技术

手绘	用许多材料创造（铅笔、油漆、墨水、木炭等）。风格从迪士尼的传统赛璐珞动画到转播（跟踪真人表演），再到我们在独立电影中看到的更厚重、浓郁的手绘方式。
2D 定格动画	将摄像机固定在平坦表面拍摄，会用到许多材料（沙子、油漆、纸张轮廓和剪纸，以及照片）。用沙子、油漆和纸张轮廓时会用到灯箱。
3D 定格动画	使用三脚架上的摄像机拍摄，会用到许多材料（人偶、模型、黏土、找到的材料及人偶实体动画）。
2D CGI	在平面或二维软件环境中创建的动画。可以在一个软件中完全被创造出来，也可以通过合成、扫描、涂色或直接绘画到软件中整合传统的元素。
3D CGI	在三维软件环境中制作的动画。元素的建模、绑定、贴图、动作和动画处理都在虚拟空间中完成。

风格

流畅的转场	动画从一个场景无缝切换到另一个场景。可以显得有些变形。动画可以在连接的场景和想法之间流畅地切换是动画这种媒介的必要属性。
2D/ 向量	用高度可缩放的纯色做的平面设计。来自插画师和其他向量项目做的图片。经常用于广播图像、网页和信息图像。
手工	使用真实的材料设计，经常包括图案和样子的 DIY。手绘和定格动画在这里比较流行。当需要试着获得一个经典或纯洁的感觉时使用。
拼贴	用照片和视频片段等多媒体拼接而成。经常有一种手工制作的感觉。用于动画的纪录片和标题序列。
电影和字体	结合视频片段（经常是蒙太奇）和动态文字。经常用于非线性标题序列。
3D	用定格动画或者 CGI 制作。"真实的"灯光、阴影和熟悉的重力，引导观众将环境与真实的世界联系在一起。

难掌握的技术，但也有可能是带来最大收获的。3D CGI 可以使你制作出与现实生活几乎没有差别的环境和角色。3D CGI 创造超现实世界的巨大力量使其成为故事片、特效、电子游戏和许多商业广告的首选技术。如果你是皮克斯、迪士尼、梦工厂等目前正在制作的动画电影的粉丝，那么你也许可能是 3D CGI 的粉丝。学生和独立艺术家们创作的精彩 3D 动画短片实在太多了，很难挑哪几个更好。可以看一下雅各布·弗雷（Jacob Frey）的迷人短片《礼物》（*The Present*，2014 年）和加布里埃尔·奥索里奥（Gabriel Osorio）的奥斯卡金像奖获奖作品《熊的故事》（*Bear Story*，2014 年），其中包含了一些 3D CGI 的精彩内容。

确认或适应

理想情况下，前面显示的图表可以帮助你为故事选择合适的技术和风格，选择好之后，就可以通过网络研究该技术/风格的实际应用示例了。从别人的好作品中寻找灵感，并确定你是否可以从中获得指导。等等，什么？你不知道那个技术吗？你没有时间学习它？？别担心！你只需要做达尔文式的事情：适应。

经过深思熟虑之后，你会发现手绘技术，特别是中国古代书法艺术，将最适合你的项目。那种流畅的黑色笔触将能够很好地表达你的想法，并渲染出故事的基调。但是，你的书法经验为零，甚至在地图上几乎找不到亚洲在哪里，那怎么办呢？不要惊慌，你只是在寻找适应方法的路上。

图 阿曼达·波纳乌托（Amanda Bonaiuto），《无理由》（*No Reason*），音乐视频

首先要做的是确定所需技术的定义特征。就中国书法而言，这是具有"液体"品质的黑色笔触。现在，回到你最习惯的媒介。研究工具、插件和教程，了解是否有什么方法可以在你最喜欢的媒介中实现同样理想的效果。许多程序都会提供某种解决方法，（至少）捕获所需技术的一些关键元素。运气好的话，你会找到一个接近的匹配。如果你非常幸运（并保持灵活），甚至可以找到一种既能体现你所寻找的东西又能与你独特的艺术观点保持一致的混合体。

方凯琳（Karin Fong）的《战神 III》（*God of War III*）标题序列就是一个完美结合故事和技术的绝佳示例（下一页）。方凯琳和她在 Imaginary Forces 的出色团队改编了 3D CGI 动画，使其观看和感觉起来像是画在古希腊陶器上的平面插图。这项任务不容易，让我们来看一下她的创作过程。

技术　177

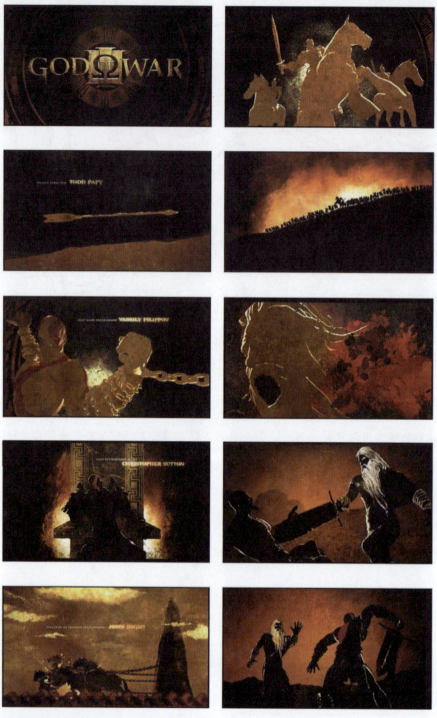

图 方凯琳（Karin Fong），总监，标题序列，《战神III》。由 Imaginary Forces 和 Sony PlayStation 制作。

案例研究：使 3D 感觉起来像 2D

索尼 PlayStation 的《战神 III》是一款很受欢迎的电脑游戏。在故事片的影响下，这款游戏制作了一个令人惊叹且复杂的主标题序列。开场序列将游戏打造成了一部基于古代历史改编的戏剧史诗。方凯琳（Imaginary Forces 公司的导演、设计师和创始成员）面临的挑战是在游戏的现代 3D 世界与古老的故事背景之间找到平衡。方凯琳说："标题和序列的设计旨在通过记忆的棱镜进行倒叙，而不是与当前（3D）游戏的'实时'事件相混淆。"

方凯琳从古希腊陶器中汲取灵感，将此与故事的希腊神话起源联系起来。她在边框、图案和装饰物上使用了希腊图案，从而获得了一些惊人的图形效果。

但是，她使用的技术更加惊人。通过漫长的生产流程，2D 和 3D 动画师共同努力，在两种技术之间找到了适当的平衡。他们改编了《战神 III》游戏中的原始 3D CGI 模型，渲染并添加了纹理以做出对希腊带状装饰更加有机的图形轮廓。方凯琳说："我们非常针对性地去寻找了让平面和图形有影响力的方法，使之与 3D 游戏的外观形成对比。它成为这种极其扁平化的语言和空间元素之间的一种玩法，希望两者之间的张力能够使图像更具吸引力。"

结果是，动画和过渡效果既优雅、经典，又现代、直接。该序列具有一种奇怪的空间感和扁平度的混合，实现了 2D 和 3D 的完美啮合。方凯琳的改编来自通过扩展所选技术的局限性创建的标题序列信息中所蕴藏的感觉。方凯琳的想法指导并确认了选择最适合你的故事而不是你最迷恋的故事技术有多么重要："你需要先知道要传达什么样的信息和情感。然后，确保你选择的外观正在回答这些问题。不要被这种技术所勾引，因为它确实可能会带走你的项目想传递的信息。"

图 菲利克斯·索克威尔（Felix Sockwell），《过程》（*process*）

解决方法

如果你在已有的技术中找不到令人满意的混合方法，那么是时候寻找一种解决方法了。这意味着要自己动手。静态图像、实景镜头和（倒吸一口气）招募一个助手都是不错的选择。这些选择都不应该令人生畏，当然也不应该感觉像作弊一样。相反，找到一个好的解决方法是灵活性的表现——成功的行业专家一直都在这样做，达尔文也将为你感到骄傲。

解决方法 1：导入静态图像

动画和动态图形中最常见的解决方法也许是简单地导入静态图像并在程

序中使用它们。通过使用诸如遮罩（隐藏并显示图像的一部分）和摄像机平移之类的编辑工具，你可以让一个静态图像宛如一个完整的动画那样"运动"。以我们提到过的中国书法为例，"揭开"字样甚至可以被模拟得像一个真人的手在写出那些真实的笔触一样。

解决方法 2：拍摄实景片段

如果使用静态图像仍然无法达到满意的效果，那么使用摄像机拍摄实景镜头可能是下一个最佳选择。如果需要制作火的动画效果，那么可以点燃一根火柴然后捕获图像。如果需要一朵移动的云，那么可以将你的镜头对准天空，然后捕捉你所需要的东西。对于中国书法而言，你需要找人来帮忙真正画出那些笔触。（顺便一说，你会惊讶于社交媒体帖子在寻找这种人才方面可以达到的远度。）在找到你要的人才之后，只需要将相机设置在光线良好的地方，并在画家创作书法时拍摄画笔的特写镜头。在获得这些素材后，将其导入所选程序并将其合成到项目中。在处理和编辑素材方面是没有限制的，但目标是以无缝的方式将实景素材合成到动画叙事的世界中去。

解决方法 3：外包

不管你喜欢与否，你都是电影的制片人，而担任制片人则意味着如果自己无法完成某些工作，就需要将其外包。如果你没有钱雇佣这样的人（通常是这种情况），那么请求帮忙、交换等可能会让你获得你所需要的。在得到合适的人才后，请密切指导他们，但也要留出一些空间让他们自由发挥。哦，还有咖啡——你需要了解他们的咖啡订单，并在他们的能量下降时准备好这些咖啡。你会惊讶于一杯简单的脱脂拿铁和肉桂烤饼为自己带来的好处！

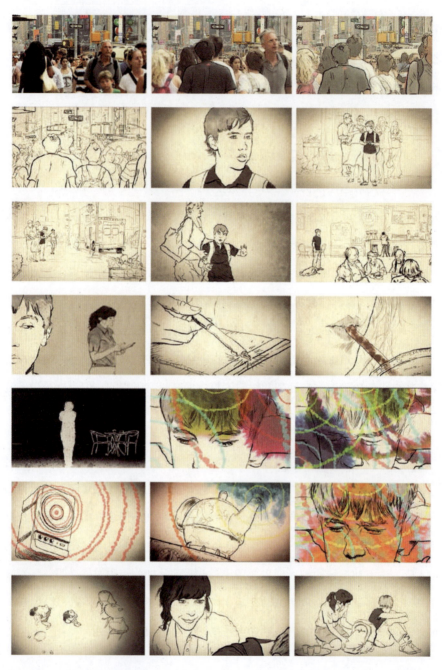

图 米格尔·吉伦(Miguel Jiron),《超负荷感官:与自闭症的互动》(*Sensory Overload: Interacting with Autism*)。由马克·乔纳森·哈里斯(Mark Jonathan Harris)、玛莎·金德(Marsha Kinder)和斯科特·马霍伊(Scott Mahoy)制作并导演

案例研究：实景和手绘

由米格尔·吉伦（Miguel Jiron）执导的《超负荷感官》（*Sensory Overload*）是一部动画纪录片，是线上媒体研究项目"与自闭症的互动"的一部分。这部电影是关于一个患有自闭症谱系障碍（ASD）的男孩，以及他在一次性处理大量感官刺激方面面临的挑战的故事。它开始于一个描绘了拥挤的城市街道的简单纪录片镜头。彩色实景镜头的十字线融入到了用自然黑白动画绘制的街上的男孩身上。从一种技术切换到另一种技术后，可以暗示观众他们正在从自闭症男孩的角度体验这部电影。当男孩开始挣扎时，黑白绘画变成了层层叠叠的、振动的水彩画环。逼真的城市声音一层一层地加入到刺耳的喧闹声中。观众被带到了一个不太舒服的地方，在这里经历痛苦、困惑和感官超负荷所带来的方向迷失（左侧）。

手绘动画的作用是使男孩作为一个独立的人与我们分开，但作为一个角色又与我们融入在一起，因此在对电影想表达的信息产生同理心方面非常有效。水彩的溅起是有情感的、流动的，也是有隐喻的（男孩的情绪被水彩"淹没"），并为观众敞开了大门，使他们得以体验男孩的感知强度。《超负荷感官》通过优雅地结合纪录片和手绘动画使观众踏上了意想不到的理解和同情之旅。

案例研究：3D CGI

导演麦克·雅尼克（Maciek Janicki）精心制作的动画短片《纸城》（*Paper City*）捕捉了一个完全由 3D CGI 纸制成的辉煌城市的兴衰。正如这位艺术家在他的网站上描述的那样："故事随着蜿蜒的道路、爆发的森林和涌现的山脉展开。在吸一口气的瞬间，摩天大楼从纸面上升了起来——只是为了瓦解、变皱，然后轻轻折回地面。"尽管故事听起来很简单，但《纸城》却充满了隐喻。观众在观看时可能会联想到生活的无常，人类文明的瞬息即变，以及数字媒体问世以来纸张作为一种媒介的生与死。

在传统折纸的启发下,雅尼克使用 3D CGI 对单色纸进行建模,感觉像是建立了一个现实而神奇的世界。由于相机的运动、光线和阴影是如此自然且熟悉,因此观众能够将影片作为一种可识别的空间来体验。《纸城》利用了 3D CGI 的独特能力将现实变成幻想,并让我们坐在前排的座位上感受到了城市的诞生和死亡。技术和故事完美地同步了,这是天造地设的一对。 我们首先体验了影片的故事,然后在享受每一帧精美动画的同时体会了更多层的含义。

图 麦克·雅尼克,《纸城》

技术回顾

1. 考虑格式。
2. 翻译你的故事。
3. 考虑许多技术。
4. 考虑许多视觉样式。
5. 调整你的技术。
6. 使用新技术的解决方法。
7. 导入静止图像。
8. 拍摄实景镜头。
9. 外包。

作业

设计一个标题序列

使用以下过程设计一个一分钟的标题序列，该序列可以受古代神话、你喜欢的书或音乐的启发：1. 撰写一份创意摘要，其中包括标题、目标受众和类型；2. 列出6个单词来描述你希望作品具有的"感觉"；3. 写下一个图像列表，其中的图像将用来触发定义你的序列的关键想法；4. 在提供的表中选择最适合你列出的文字和图像的技术；5. 为你的序列做一个故事板，选择声音和音乐，然后测试2~3种你认为可以最好地捕捉故事感觉的技术；6. 制作标题序列的动画。

技术　185

动画！
大局思维，逐帧进行

  恭喜！你现在拥有了制作精美动画故事所需的所有工具。你已经构建了故事板、颜色脚本和配乐，设计了世界，并选择了一种可以表达你的大创意的技术。你准备好参加比赛了，制作动画应该轻而易举。但是，以我的经验来看，制作动画确实是会让所有一切都可能崩溃的一步。原因很简单：你精心构建的每个元素都是神奇的，但是放在一起并动起来的时候，可能会变得顽固。尽管你可能会设想自己在一个优雅的音乐厅里指挥一个纪律严明的交响乐团，但你也可能会发现自己在一个都是野猫的潮湿地下室里，并负责修剪它们的指甲。你可能会觉得有点喘不过气……

不要畏惧！你的项目将按计划进行。你只需要遵循一些内部技巧，就可以不偏左右地朝着目标前进。以下智慧源于几代如钉子般坚韧的动画师们。他们经历了失败、心碎和屈辱，只是为了像凤凰一样涅槃重生，活着讲述自己的故事。因此，请拿出你的尊重，并仔细聆听。

在你开始之前……

制作一个生产日历

"告诉自己有世界上的所有时间、世界上的所有金钱、调色板中的所有颜色及想要的任何东西，只会扼杀创造力。"

——杰克·怀特（Jack White）

多产的音乐家和吉他英雄杰克·怀特（Jack White）学会了在截止日期之前创作出精美的艺术品。他的摇滚乐表面上可能给人这样一种印象，就是他只是漫步进入工作室，坐下，然后就能神奇地即兴创作一张新专辑。尽管有时候确实是这样的，但事实上，怀特对自己的待办事项清单整理得非常有条理，并且像许多成功的艺术家一样，遵守精心设计的生产日历。

制作生产日历的最佳方法是打印一个空白的日历，然后从最终截止日期开始向前填充，从后期生产到生产和试生产。在纸上四处移动日期，以确保每个步骤都有足够的时间，并且都是可实现的。然后创建一个数字日历，可以轻松

地通过电子邮件将待办事项发送给相关的创意合作伙伴和客户。

该生产日历应作为一个截止期限前可以完成的线性列表。我非常乐于制订在规定期限内完成的奖励措施（如果没有完成的话，也会受到惩罚）。我仍然有点迷信，所以我的截止日期总是与幻想中的来自现实生活的惩罚联系在一起。如果我不按计划执行任务，则会被解雇、被逐出公寓或（更糟）失去我最喜欢的牛仔裤。无论你决定采用何种惩罚或激励措施，生产日历都是你的福音。你必须遵循它，否则你的整个项目就有可能脱轨。

保护你的技术

现在，你已经设置了日历，为了让自己今后免于心碎，请确保所使用的技术是最新的且可以正常使用。这是一本讲故事的书，但是如果你的故事由于计算机崩溃或技术错误而全弄丢了，就没有故事了。尽早并经常保存各个故事版本。命名时，请考虑这样的最佳做法：创建具有逻辑性和组织性的简单文件名和文件夹。无论你多么努力，都永远不会找到那个名为" 需要 _ 睡觉 _ 最终的最终 1.pdf"的版本。与计算机崩溃相比，混乱导致的生产中断发生得更多，因此请听从此建议。最后，给自己买一个可以负担得起的最大的空白硬盘，并在每天结束时备份当天的工作。来吧，为它做 3 份备份。请不要让自己成为那个必须通过亲身经历来学习这一课的傻瓜。

准备开始

对项目进行动画处理的第一步明显就是从头开始，但这不一定是最好的方法。制订所有的计划后，从头开始可能会有点吓人，就好像你站在一座大山脚下一样！为了建立信心，你要习惯于统一元素，并适应媒体的独特（有时甚至是令人发指的）个性。以下是如何做的方法。

从简单的开始，获得信心

首先，为项目中"挂得最低的水果"制作动画，就是你的项目中最有趣、最简短和最容易的动画场景。从最简单的序列开始将使你有前进的动力，而且最重要的是在你感到不安的时候可以帮助你建立信心。完成第一个"轻松"场景的动画制作后，请转到你认为最容易完成的下一个场景，即使它不是序列中的下一个。做完之后，再开始做下一个。完成一些比较简单的序列后，你将可以更好地应对那些棘手的场景……到那时，你就别无选择了！

分解困难的场景

当你到达更具挑战性的场景时，请不要尝试一口气解决它们。你不是大卫，

图 麦克·雅尼克（Maciek Janicki），《马》（*Horses*）

需要与巨人作战，这也不是圣经中记载的时代。处理困难的动画序列的最佳选择是将其分解为更易于处理的较小片段，然后逐个处理这些片段。分解不仅可以使困难的场景变得不那么吓人，而且可以强化一个重要的观念，即动画序列通常是一个具有不同起点、中点和终点的弧形结构。让我们用一场车祸来举例。这远不只是一次简单的"撞车"，它可能包括一次不幸的车道变更、一次要避开另一辆汽车的急转弯、撞上树木的那一刻，或许还有损坏的发动机冒出的烟和火。像你的许多动画序列一样，这场大车祸也有它自己的故事弧线。对其进行拆分处理不仅让它不那么吓人，而且还将增强你的故事叙述。

不留下任何镜头

不需要业内资深人士告诉你，你也应该知道做动画需要很长时间。该过程非常耗力，有可能一天工作了 12 个小时最后只完成了 3 秒钟的镜头。蜗牛的步伐足以让你想拔自己的头发。为了避免让自己陷入动画中并非绝对必要的折磨，你必须成为一名残酷的编辑。我说的是成吉思汗、阿提拉匈奴式的残酷。

即使你在开始制作动画序列之前就确认（并重复确认）了故事板中的所有镜头，也要再次问自己"这个镜头在叙事中是绝对需要的吗"。如果是的话，是否真的需要那么长呢？如果不是，就剪掉它。而且，如果你不愿意编辑这条序列是因为它是你认为"最酷的部分"，那么绝对可以考虑剪掉它。因为它通常是"看看我可以做什么"的镜头！这些镜头会使故事拖延，并在生产日程表中增加不必要的时间。想炫耀这样做的好处吗？告诉你的朋友，你早早地完成了项目，可以出发去海滩了！

策略改动

是的，我们用了一整章来讲故事板方面的内容，你的故事板已经好到足以挂在博物馆里。但是，在制作动画时，情况会发生变化。因此，在开始为场景制作动画时，以更精细的方式制作序列的框架将带来很大的帮助。

做个有姿势的人

在这方面，钉住角色的"关键姿势"至关重要。这就好比在你开始为剧中的角色制作复杂的表演之前，先给出关键指令。花一点时间来分析你打算制作动画的每个镜头，并勾勒出角色的位置和基本的动作编排。理想的做法是将所有元素都包含在这张草图中——背景、道具，甚至是你打算用来占据屏幕的文字和徽标。但是，一定要将重点放在你的主要角色及其行为上。

现在想想：这些姿势是否最能反映你要传达的故事瞬间呢？你可以通过增强姿势以任何方式丰富你的故事创意吗？同样重要的是：所有你计划的动作都可能实现吗？并且符合你创建的世界吗？你会惊讶地发现，有许多经验丰富的动画师辛苦地让角色穿过房间后，才意识到他们已经让角色穿过了房间里的桌子！

铺垫和跟进

友情提醒，不要忘记向动画的守护神致敬：铺垫和跟进。这些"前和后"的运动有助于演示重力对重量和运动的影响。铺垫和跟进与"主要"动作一样重要，负责使动画感觉起来比较自然。一个跑着赶公共汽车的女人并不会直接开始摇摆她的胳膊和腿。她的身体首先会向后倾斜以获得奔跑的动力。 然后，当她停在公共汽车上时，由于聚集的运动力，她的头发和衣服会向前摆动。电影中的一切，无论是角色、形状、徽标还是文字，都需要铺垫和跟进。没有它们，你的动画将会变得僵硬和平淡，观众也会对你的故事有同样的感觉。

制作定向移动

与现实世界不同，屏幕上的对象是二维的。即使看起来似乎有深度，但他们在屏幕上的移动轨迹始终是平面的。因此，所有动画对象都沿着不可见的、有方向的路径移动。该路径分为4个简单的类别：水平、垂直、对角线和圆形。需要注意的是，序列中所有对象的定向运动都很重要，因为这可以增强或降低作品的情感体验。方向一致的移动（例如，所有垂直方向和水平方向）会使人感到镇定，因此最好用于旨在使观众感到轻松的场景。但是，如果你想调整环境的情绪（例如，一个反派进入了），那么添加与主要方向相反的动作可以将观众带入一个精彩的故事时刻。

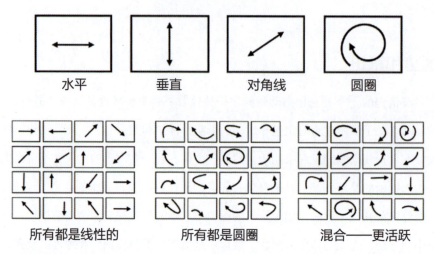

图 定向运动的路径

两只小老鼠在森林里安静地行走，只能沿着垂直和水平的线性路径移动，但是当一只邪恶的狐狸进入时，他会沿着对角甚至圆形的路径移动。在一个充满紧张和震撼的场景中（如狐狸扑向老鼠），从一个镜头到另一个镜头使用多个方向将增强视觉戏剧效果并使观众感到不安，从而警惕起来。

在制作动画之前，通过打印出故事板（或关键姿势草图）并在每个故事板上绘制简单的线条以显示对象所遵循的运动路径，来绘制电影定向运动的路径。考虑一下，如何通过制订的定向移动来增强故事。

去中心化并混合

既然你已经拥有了故事板，那么我希望你检查一些视觉叙事的基础知识，从而再次确认镜头是否有趣。

基础知识 1：走出中心

不要经常将拍摄对象放在画面的中央。我知道，我们在第 4 章中讨论过这一点，但这是你最后一次实践此基础知识的机会。花点时间一帧一帧地检查一下，是否有太多主题、徽标、文字位于中央的构图，或者有没有太多位于中心的构图。将它们混合在一起，否则会存在影片中出现在视觉上让人想睡觉的序列的风险。这是一个非常有用的提示：如果必须使主题在中间，那么请考虑先放在其他地方，然后再将其移向中心。将主题去中心化可以使你的影片镜头保持活跃和刺激。

基础知识 2：混合镜头长度

而且，别忘了混合你的镜头长度。就像将主题居中一样，许多具有相似长度的镜头会让你的观众感到厌烦。当你观看一部导演得很好的电影时，请注意每帧画面是如何从远景切换到中景再切换到近景的。眼睛喜欢体验各种焦距，并喜欢跟随每帧画面信息所给予的视觉提示。

混合你的对象在画框内的比例和包含在画框中的信息可以增强故事体验。一只甲虫患有焦虑症，但要设法使自己在走上舞台发表演讲之前平静下来。一个贯穿整个序列的中景镜头不仅无聊，而且会错失良机。你需要使用视觉故事来挤出你可以从场景中获得的所有情感。一个充满了焦虑（或幽闭恐惧症）的瞬间可以通过特写，甚至极端特写来丰富。但你不想靠近太久。甲虫平静下来后，你可能会想换成一个中景镜头。然后，你的画框可能会变宽，一直持续到甲虫在舞台上完全自信地行走时才最终扩展到长镜头。混合你的镜头长度不仅可以使序列保持视觉上的变化和有趣，而且最重要的是可以帮助传达故事中的重要思想。

基本知识 3：混合镜头时长

除了改变镜头的大小，还要改变镜头的时间安排，以使序列以不同的速度移动。有些镜头可能可以在剪切前持续整整 15 秒钟，而另一些则需要减少到几秒钟。改变镜头时长会给观众带来较难预测的视觉体验。许多电影制片人将较快的镜头用于较疯狂的场景，将较长的镜头用于较平静的场景，而某些电影制片人则相反。但是，成功的电影制片人总是刻意设置镜头时长，并充分利用对它们的混合来达到最佳效果。

考虑使用模糊

当拍摄影片或视频时，相机镜头对于聚焦于不同焦距的物体能力有限。镜头的光学效果可创造出在某些区域清晰，又在其他地方模糊的可爱图像。穿过镜头的光线会产生不均匀的曝光，从而导致边缘的晕影或变暗。但是，在计算机软件中制作动画时，所有内容会始终处于焦点位置，并且"曝光"是统一的。

这种"超级干净"的清晰度可能很生硬，而且缺乏焦点。你可以考虑在某些地方添加一些模糊效果，以及其他诸如颗粒、垃圾或装饰图案之类的镜头增强设备来添加一些变化。这些可以帮助增加镜头逼真的深度和真实感，否则可能会使镜头显得平淡无趣。它还可以帮助弱化场景中对表达情感不重要的构图区域。无论你是在寻求逼真的东西，还是更时尚的东西，拐角处的轻微模糊或变暗（或上面列出的效果）都将使你的视觉效果更上一层楼。

让它发出声音

你现在可能已经发现，故事是如何随着你的制作趋于完成并得到进化的。

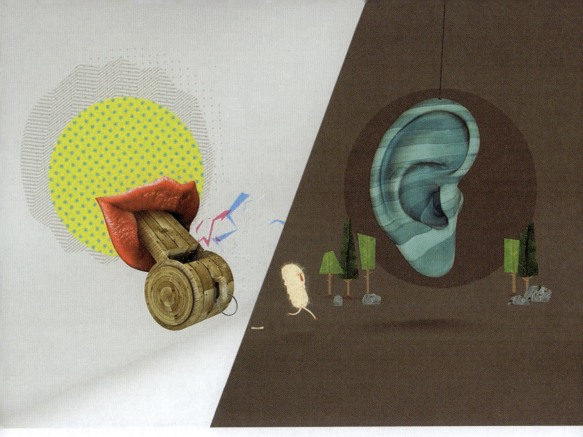

图 艾丽尔·科斯塔（Ariel Costa），《培养你的创造力》（*Feed Your Creative Brain*），状态设计

幸运的是，一切都可以在动画制作中得以延展，声音也不例外。

灵活配乐

因此，尽管你可能认为自己的电影配乐已经定下来了，或者几个月前你已经找到了电影的理想开场曲，但仅仅对故事进行微调可能需要对整个影片进行全新的声音处理。

如果你认为自己的配乐是对的，那么修改它可能会使你感到不安，特别是你习惯了精心选择的配乐时，但修改它却是值得的。的确，没有什么比交换曲目更能让你以新鲜的角度观看电影了。因此，如果你突然感觉配乐不太对劲，那么可以利用它作为深入了解的机会。有时，这个过程会使你确定一直以来的原始配乐是正确的选择；有时，它会以一种清新的音调或节奏来提升你的电影，你甚至不知道自己需要它！

在制作期间，调整声音的过程还将训练你同时处理声音和图像的能力。它将再次迫使你考虑声音的强大功能，因为它会影响你的故事的情感流。因此，保持灵活，不要停止调整，直到声音适合你要讲的故事为止。为此花费额外的时间将是值得的。

加入音效

现在，你已经选择好了"临时"音乐（之所以称为"临时"，是因为音乐总是可以改变的！），并且已经准备好了自己的特效和对话，因此必须将音轨加入动画中。动画师经常将编辑序列比喻为编排舞蹈。因为动画有点像一种舞蹈，在声音和图像之间来回移动，按节奏来分布并优雅地进行时间设定。让你的配乐影响你的序列并放大讲故事的机会吧。

使音轨静音

另一方面,请注意你的声音并不能完成所有的工作！音效、音乐和对话（你的配乐）是如此强大以至于动画师可能会无意间过度依赖它，而无法做出足够强大的动画效果。现在，一次又一次地按下静音，观察你的镜头在没有声音的情况下表现如何。如果你的视觉效果缺乏表现力，无法靠自己吸引人，那么你可能太过于依赖配乐了。这对于有对话的角色动画尤为重要。一个好的音轨可以使你觉得是动画造就了一场出色的表演。关闭声音，看看角色的脸部和身体是否在表演，之前是否是因为加了声音才看起来是在表演。

动画！回顾

1. 制作一份生产日历。
2. 备份你的数字文件。
3. 从简单的镜头开始获得信心。
4. 将复杂的镜头分解成小段。
5. 做好计划，以免剪切动画。
6. 在制作动画之前摆好镜头。
7. 运动提示：一直进行铺垫并跟进。
8. 为整个电影制订运动方向。
9. 对镜头进行构图，使拍摄对象并非总是居中。
10. 混合整个电影的镜头长度。
11. 混合整个电影的拍摄时间。
12. 添加模糊和渐晕。
13. 灵活配乐。
14. 一边听声音，一边将声音标记加入动画。
15. 使配乐静音来检查运动。

图 Sirirat Yoom Thawilvejakul,《到鲨鱼先生的嘴里去》(*Into Mister Sharky's Mouth*)

作业

制作一个包含一条信息的短片

制作一个 60 秒（或更少）的动画短片，其中包含一条对你很重要的信息。你的主题可以具有社会、政治或道德意义，或者只是简单地表达一个你认为会拍成一部有趣的电影的想法。尝试使用画外音或用文字来传达想法。仔细回顾本书中的内容，让自己想起制作一部有意义的动画故事所需的步骤。你现在是一个用动画讲故事的人，并且拥有创造神奇事物的工具，所以快点开始吧！

展示和演说

创作、分享和社交

"一个不算是秘密的公式:做好工作并与人们分享。"

——奥斯汀·克莱恩(Austin Kleon),《像艺术家一样偷窃》(*Steal Like an Artist*)

  跟以往的任何时候相比,你现在都更有机会让自己的作品被看到。电影节数量激增,互联网开辟了无数庆祝新作品的论坛,而且,分享内容已经深深植根于我们的文化中,以至于你的笔记本电脑里的小动画项目可以在几分钟之内引起全世界的轰动。突然之间,每个动画故事都有可能成为热门,不仅受到大众的欢迎,而且会受到寻求新人才的重要行业人士的关注。但是,与此同时,大量的内容充斥着市场。有线电视网络正在与 Netflix、亚马逊和 Hulu 等数字平台作战,更不用说盈利百万的 YouTube 频道了。当然,现在有更多的电影节,但备受瞩目的电影节比以往任何时候都更具竞争力。渥太华国际动画节仅在 150 个广告位上就收到了 2 000 多个参赛作品,而圣丹斯电影节只接收了不到所有报名作品 1% 的参赛作品。

图 马克斯·弗里德曼(Max Friedman),《工作》(Work)

展示项目

那么,一个完成了项目的动画叙事者(像你一样)该如何找到观众呢?你的作品如何才能与众不同?这是动画叙事的最后一个步骤,目的不仅是让大多数人看到你的项目,而且要让合适的人看到。你在影片中讲述了一个强大的故事,那么现在是时候讲述电影本身的故事了。

第一步:打包项目

展示影片的第一步是以专业的精神包装它。在这种情况下,相关的设计、清楚的沟通和清晰的指示是很重要的。这里的关键是要确保接收你作品的人得到用来考虑是否要放映你的作品或给你的作品颁奖所需要的一切信息。

上传有密码保护的影片到网上

第一件事当然是提供可以轻松访问电影本身的入口。直到不久前,电影制片人们还需要制作一堆DVD碟片,然后去邮局将它们寄出。如今,大多数电影都是在线提交的,因此你需要为作品(为电影节设置了密码保护)创建一个可以用来分享的链接。Vimeo是当前最受欢迎的具有密码保护功能的视频上传服务工具。由于可用的服务工具(或者效果最好的)每时每刻都在变化,因此我鼓励你自己研究一下用哪种工具。但是要确保该链接适用于所有人,所以请在不同的计算机、设备和Web浏览器上打开链接来进行测试。此外,你还可以在便捷网站FilmFreeway上创建一份个人资料,在这里你可以直接上传电影和有关电影的重要信息,并将作品提交到许多电影节。有了Vimeo链接和FilmFreeway的账户之后,你就可以行动了。

电影节上传素材

接下来,你需要制作以下素材。

标题 Logo 和静态图像:为你的项目标题设计一个清晰易读的 Logo,并选择一张可以体现故事的电影截图与之配对。标题 Logo 和静态照片是宣传所必需的素材,可以显示在你的网站上或电影节的海报上。毋庸置疑,你应该为 Logo 选择一种与影片风格相匹配的字体,并且所选择的静态图像应该能吸引观众,但又不会泄露故事剧情将要带来的惊喜。

有悬念的提要:写一个紧凑的、清晰的项目描述,最多用一到两句话。这个描述将来会在网站和其他出版物上被引用(可能逐字引用),因此你最好自己就很喜欢它。为了帮助你完成此任务,请回看一下你在第 1 章中写的电梯营销文案。现在,你的电影已经制作完成了,请完善那份电梯营销文案,然后告诉随机遇到的人你完成了一部电影,以此来对其进行压力测试。毫无疑问,他们会问:"它是关于什么的?"你的回答应该使他们感兴趣,但又不必让他们提出许多后续问题。如果你的电影是有史以来最不可思议的电影作品,那么你可以将悬念表述为一个问题,然后回答或至少部分回答这个问题:"你是否想过两个头的爱因斯坦和一只忍者浣熊为你父亲肚脐上的皮棉战斗是什么样子的呢?好吧,我的电影终于回答了这个问题!"人们可能会说:"那是我所听到的最奇怪的事情!"但是只要他们对此感兴趣了,并且没有太多其他问题,那么你的工作就完成了。

标签:除了你的提要,制作一条令人难忘的标语也是有帮助的,它会使你的电影脱颖而出。请注意,许多电影节都会在小册子中打印标签,而不是摘要。回顾一下你在第 1 章中制作的六字故事,对其进行修改来反映你最终的成品。

这里有一个启发案例，看看你是否可以根据标签猜到这部电影：他们来了，他们解冻了，他们征服了。如果你猜到这是《冰河世纪》(Ice Age，2002)的话，那你就对了。你可以把它看成放在电影海报底部用来进一步吸引观众的文字。

导演的自我介绍：所有素材的上传都要求导演提供一份自我说明。最好的建议是保持简短和甜蜜。从你想被大家知道的专业人士的角色开始（如动画导演或编剧等），然后加上可以支持该角色的成就。尽管我喜欢简单明了的个人简历，但有些动画师喜欢写古怪的个人简历，如果你走的是那种路线，那么只需要确保它与你的项目内容直接相关即可。例如，如果你拍了一部有关蝙蝠的电影，你可能会说："凯利·邓恩（Kelly Dunn）是来自得克萨斯州的一名动画师。到了晚上，她会倒挂在天花板上睡觉。"哦，你可能还需要一张头像照来配合自我介绍。你的头像照不需要太过正式或带有公司风格，但请确保你的头像易于识别且清晰地对焦在你的脸上。你可能会在电影节的徽章、网站和小册子上看到你的头像。如果你希望人们可以找到你并和你打招呼的话，那么这是必要的。

电影的故事：最后，你需要写下电影创作的故事。电影节通常一开始不要求事先准备这个，但是一旦你的作品被接受，你可能会接受采访，并有可能在舞台上进行问答环节，而这是他们经常会问到的问题。你应该从为什么要制作这部电影，以及为什么觉得有必要讲这个故事开始回答。这可以是高度个人化的问题，也可能与你想探讨的一个大问题有关。例如，我的动画纪录片《后座宾果》(Backseat Bingo)探索了老年人的浪漫生活。我看到祖父 Sid 在 84 岁时再次坠入爱河，受他启发，想从一种我觉得大众媒体没有涉及的角度去刻画老年人的生活：像我的祖父 Sid 一样聪明、有趣且仍然能够出人意料的老年人。即使你的电影是关于两个头爱因斯坦与忍者浣熊之间的较量（如前所述）的，

图 马克斯·弗里德曼（Max Friedman），《森林》（Forest）

你只是想让人们开怀大笑，那么讲述激发电影灵感的故事也是一个很好的起点。接下来，剖析制作电影的实际过程。而且，不要遗漏你的错误或失误。如果你承认浪费了数周的时间做角色建模，结果从朋友那里发现它看起来与阿拉丁里的基尼完全一样，那么观众只会更爱你。

第二步：决定在哪里放映电影

现在，你已经整理好了链接和素材，该如何决定将影片提交到哪里呢？这听起来似乎答案有些明显，但是你必须找到自己的观众并尝试在这样的人群面前放映你的电影。在时间限制为 5 分钟的短片节上提交一个 7 分钟的电影，或者在以动画纪录片为中心的小组中发布一个科幻电影，不仅是在浪费时间，而且可能会激怒你提交的主办方。此外，这些人可能会认为你没有阅读他们的指南，这可能会让你失去将来提交电影的机会。回到你的创意简介，并提醒自己

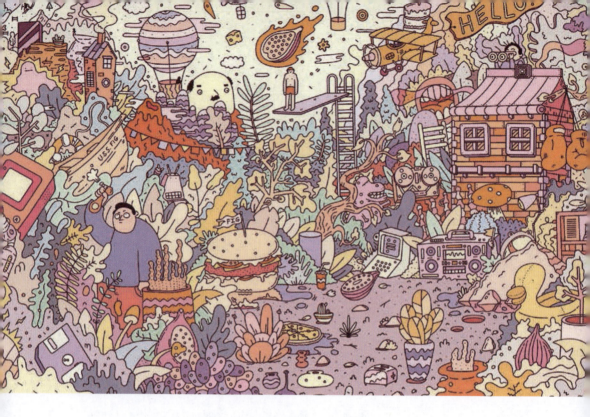

你的电影是什么,以及是为谁而准备的。一旦你掌握了这些信息,互联网便是你寻找观众的绝佳资源。只需输入"动画科幻电影节列表",你就会很快找到一长串的选项。正如我之前提到的,FilmFreeway 网站是一种将电影提交到电影节的简单且有组织的方式,并且是整个电影节之旅的绝佳资源。

找到适合自己的电影节后,(请!)阅读并遵守提交准则。请注意,电影节工作人员可能会忽略不专业或不遵循准则的提交内容,即使内容本身是很好的。

最后的建议:如果这是你的第一部电影,那么我强烈建议你先从较小的电影节入手,在这些电影节中,"上场"甚至获奖都相对容易。有非常多的年轻动画师都沉迷于像圣丹斯(Sundance),SXSW 或阿讷西(Annecy)这样的顶级电影节,他们希望在那里获得"首映"的机会。结果,本可以与世界分享他们的电影甚至开始下一个项目的电影制片人将其电影推迟了好几个月放映,紧张地等待着提交结果及电影节的回应。但这些电影节会拒绝 99% 的提交者。对此，大家有不同的看法，但我的经验表明，如果你的电影很棒，那么它自然会爬到顶峰，有没有去圣丹斯电影节都一样。

第三步：考虑跳过电影节路线

电影节路线很可能根本不适合你。许多导演会放弃漫长的电影节之旅，直接在 Vimeo 等平台上发布。原因之一是，许多电影节所寻找的内容过于具体，而你的项目可能根本不符合他们的要求。另一个（更有可能的）原因是，对你而言快速的反馈和对你的作品的立刻关注比参加电影节的虚荣心更有价值。漫长的电影节提交流程可能会使某些电影制作者陷入瘫痪。在线发布作品可能会给你带来所需的反馈，并激发你继续进行下一个项目。另外，如果你的电影在网上找到了它的观众，那么它可以被分享给更多人，可能与在电影节巡回展映上被看到的一样多。甚至它可能会吸引电影节编排者的目光，他们会直接与你要你的电影，从而使你能够跳过整个提交流程及之后漫长的等待，这正是你当初想避免的！

第四步：建立你的人脉

无论你是否决定在网上发行，在互联网上竖立一个健康且吸引人的品牌对于希望自己的作品被看到的电影制片人来说至关重要。请按照以下步骤操作，并在非常需要的时候在各个步骤之间自由跳跃。如果你不这样做的话，可能会错过许多重要的机会和联系。

与你的同行建立联系

如果你还没有活跃于众多设计师、电影制片人和艺术家在网上分享工作和想法的在线社区,那就开始行动吧。互联网提供了与世界各地的杰出人士建立连接的机会。只要你以专业和尊重的态度培养人际关系,就可以形成真正的连接并由此获得巨大的机会。在 Facebook 和 Vimeo 之间的小组、AWN、Animation Magazine、Motionographer、Cartoon Brew、ASIFA、AIGA,当然还有 Tumblr、Behance 和 Instagram(以及本书出版时出现的任何新平台)上,你都可以活跃起来。找到你的同伴并结交朋友。寻找志同道合的艺术家群体,以及与你的电影故事有共同主题的群体。对于《后座宾果》而言,这个群体是动画师和喜爱纪录片的人,也包括我认为会对我的工作感兴趣的老年人。

做个好听众

在互联网上结交朋友的最佳方法是什么? 做一个支持者。加入在线社区后,要出席并参与社区活动。评论他人的作品时要体贴和大方。告诉他们你是一个粉丝,"喜欢"你喜欢的帖子,提供你希望自己会获得的那种建设性的反馈。记住一句古老的格言:善有善报,恶有恶报。

成为在线社区的参与成员后,你就可以发布博客、帖子并分享你觉得有意思的链接了。可以扩大自己品牌的知名度,但要有选择性。不要做得太过分。自我推广是可以的,但要在其他类型的帖子及与他人的互动之间发现合适的空间来进行。而且,请注意,无论你是在 Instagram、Facebook 还是其他任何你与同行进行交流的地方,你的大部分自我推广的帖子都应该显示在你的个人页面上。对于小组来说,你真的必须学习每个你参与的在线平台上的文化——一些小组鼓励自我推广,而另一些小组则严格禁止自我推广。请确保你遵守规则,否则有被忽视甚至被抛弃的风险。

适当隐藏你的作品

准备好分享你的电影后,不要在一篇帖子中将它完全展示出来。通过展示与电影主题相关的角色设计、草图和有趣的文章来慢慢释放关于你的电影的信息。激起在线社区(指的是在你的 Instagram 账户上,而不是在一个小组中)中人们的兴趣,以便让他们来询问你的作品,而不是你一次性展示出来。当你给出所有可以吸引大家的信息后,便可以把作品分享给他们,并听取他们的反馈。如果他们愿意花时间告诉你哪里可以改进的话,你会尊重他们的意见,并且很希望有机会成为一名艺术家。

当面社交

我猜,你是不是发现在行业活动中进行社交特别折磨人,而"社交"这个想法使你想把自己的头埋进一个洞里?你猜怎么样? 你不是一个人。 我有点像个傻瓜,在会议和电影节上会有一种不安全感。但是,当我同意写本书时,我意识到自己最好能克服它,尤其是因为我知道自己需要结识一些愿意为本书

图 朱莉娅·波特（Julia Pott），《三角形》（*Triangle*）

做插图的人。如前所述,我有点古怪,但我没有试图成为一个不是自己的人,而是依靠自己内心的那个傻瓜,最后效果是不错的……

举例:我参加过在纽约举行的一次会议,站在离我 10 英尺外的地方正在进行交谈的是我心目中的英雄,导演/动画师/插画家朱莉娅·波特(Julia Pott)。她刚刚做完演讲,而且讲得那么好,难怪其他人也在等待与她交谈。休息时间已经不多了,所以我做了一些直率和难以理解的事情。我站在与波特女士交谈的那个人的身后,将我的手摆成一个心形,然后跳舞,希望她能拥抱我愚蠢的敬佩姿态。她的脸庞亮了起来。 她说:"你好!"我说:"我爱你。"她说:"拥抱一个怎么样?"我告诉她,她的作品令人振奋,并提到我正在写这本书。之后我发了一封简短的电子邮件,请求朱莉娅为我的书绘制插图。左边是她画的她的朋友的一张图,叫作《三角形》(Triangle)。我喜欢它,尤其是因为我以一种古怪的方式做到了这一点:我进入了我的英雄的三角形中。你也可以。

第五步:分享并重复

时机已到。 你已经将完成的电影打包好了,是时候分享了。你想发给谁,完全取决于你的内心。唯一的建议(再次)就是做得越专业越好。如果你想让全球电影节的观众都看到你的项目,请了解哪些电影节最适合你的电影,阅读提交准则,并按时完成一切。

如果你想被录用,那么请以能反映你专业能力的方法来撰写你的回复信件。雇主欣赏有艺术才华的人,但他们更想聘请可靠且有口才的人,他们希望有人能使工作更轻松、更快捷地完成。至少,要对所有的内容进行拼写检查和校对。

还有一件事：永远不要停下来。成为艺术家是一种持续的瘙痒。完成此项目后，你可能需要休息一整天，但是一旦你感觉到这种痒感再次袭来，请屈服于它。打草稿，做故事板，写作，制作动画，做梦，尝试新奇有趣的故事，并和你的圈子保持联系。向我提问或在我的 Facebook 小组"动画叙事"（Animated Storytelling）中分享你的工作。你可以将我视为你的人脉的一部分，而我将为你的故事加油打气。

展示和演说回顾

1. 打包你的项目。

    上传密码

    保护线上电影

    徽标和静态图像

    带有悬念的故事简介

    标签

    导演的个人介绍

    制作电影的故事

2. 决定在哪里放映它。

3. 考虑跳过电影节路线。

4. 创建你的人际关系。

    与同行建立连接

    成为一名好听众

    适当隐藏你的作品

    面对面社交

5. 开始下一个项目！

开始你的下一个电影英雄吧!

一些额外的灵感

最伟大的故事戒律是：让我在意。
——安德鲁·斯坦顿（Andrew Stanton）

我们需要的是更多专攻不可能领域的人。
——西奥多·罗特克（Theodore Roethke）

比起报纸上的真相，我更相信童话里的真相。
——乐天·莱尼格（Lotte Reiniger）

我爱米奇老鼠比我认识的任何女人都要多。
——华特·迪士尼（Walt Disney）

在营养、住所和伴侣之后，故事是我们在世界上最需要的东西。
——菲利普·普尔曼（Philip Pullman）

伟大的故事发生在那些能讲诉它们的人身上。
——伊拉·格拉斯（Ira Glass）

总有一个故事可以将人们转移到另一个地方。
——JK·罗琳（J.K.Rowling）

创造力的第一大障碍是一个被明确定义的目标。
——克里斯·杜（Chris Do）

我们必须不断地从悬崖上跳下来，并在下落的过程中长出翅膀。
——库尔特·冯内古特（Kurt Vonnegut）

> 一切都是臭的，直到它被完成。
> ——苏斯博士（Dr.Seuss）

> 要进行发明，你需要有好的想象力，以及一大堆垃圾。
> ——托马斯·爱迪生（Thomas Edison）

> 不要将动作误认为行动。
> ——海明威（Ernest Hemingway）

> 简单性就是减去明显的东西并增加有意义的东西。
> ——前田·约翰（John Maeda）

> 工作？这只是认真地游戏。
> ——索尔·巴斯（Saul Bass）

> 在动画电影中，你可以做任何想做的事，但这并不意味着你应该做所有想做的事。
> ——约翰·拉瑟特（John Lasseter）

> 好的设计就像一台冰箱——当它工作时，没有人会注意到，但是当它坏了时，你就会闻到臭味了。
> ——艾琳·金（Irene Au）

> 让它简单，但有意思。
> ——唐·德雷珀（Don Draper）

> 我带来了很多故事。我不只做动画。
> ——雷·哈利豪森（Ray Harryhausen）

改变是故事的根本。如果一切都是静态的，那么故事就死了。

——安德鲁·斯坦顿（Andrew Stanton）

故事没有开始也没有结束：任意一个人都可以通过选择从后往前看或者从前往后看来塑造某一刻的体验。

——格雷厄姆·格林（Graham Greene）

经历了失误，你才能真真切切地成长。为了变得更好，你必须先变坏。

——薛·博兰（Paula Scher）

用不寻常的眼睛看寻常的事情。

——维科·马吉斯特雷蒂（Vico Magistretti）

只有那些尝试荒谬的人能实现那些不可能的事。

——M.C.埃舍尔（M.C. Escher）

任何傻瓜都可以把事情变得更大、更复杂。需要一些天才——和很多的勇气——才可以向相反的方向前进。

——舒马赫（E.F.Schumacher）

如果没有图像，灵魂就不会思考。

——亚里士多德（Aristotle）

真正的问题不在于作为一个独立的元素的天才，而在于天才的意志、欲望和持久性。没有这些东西，天才会失去他的天赋，而拥有这些属性的天才再平庸都可以成长。

——米尔顿·格拉瑟（Milton Glaser）